AF469560

MANUEL

DU

CULTIVATEUR DE DAHLIAS

IMPRIMERIE D'E. DUVERGER

RUE DE VERNEUIL, N° 4.

MANUEL

DU

CULTIVATEUR DE DAHLIAS

Par A. LEGRAND

Seconde édition, revue et corrigée

Par PÉPIN

Jardinier en chef au Jardin des Plantes de Paris, secrétaire de la
Société royale d'Horticulture.

———— ooo ————

PARIS

LIBRAIRIE AGRICOLE DE LA MAISON RUSTIQUE

Dusacq, Directeur

RUE JACOB, N. 26

1848

1847.

INTRODUCTION.

Le dahlia occupe, dans nos jardins et nos salons, sinon la première, du moins l'une des premières places. Son port plus ou moins élevé, mais toujours gracieux; ses fleurs, si remarquables par leur profusion, l'élégance de leur forme, par les brillantes couleurs dont elles resplendissent, nous semblent justifier cette préférence.

Il n'est point de fleur, selon nous, plus digne d'être universellement répandue, plus capable d'éveiller cette admiration que les merveilles de la nature nous inspirent.

En effet, quelle richesse, quel éclat le dahlia ne répand-il pas sur nos parterres, sur ces corbeilles de fleurs, sur ces massifs de verdure, sur ces belles collections que l'art se plaît à rassembler sous nos yeux! Entré dans le domaine de notre flore des jardins, le dahlia ne pourrait en sortir désormais sans y laisser un grand vide; il a pris rang pour toujours au milieu des plus belles fleurs; il n'a point à redouter les caprices dédaigneux de la mode; on ne le verra jamais, ainsi que beaucoup d'autres plantes, trôner pendant quelques années par suite d'un certain engouement, pour être relégué ensuite dans un petit nombre de jardins.

Ce que nous exprimons ici, tout le monde l'éprouve ; mais, outre le sentiment général d'admiration, les amateurs et les connaisseurs instruits en ressentent un autre plus vif et plus réfléchi ; ils savent apprécier l'art admirable qui a secondé ici la nature. Sans cette horticulture savante qui enfante à chaque pas de nouvelles beautés, que serait le dahlia! une fleur vulgaire. Son éducation brillante vérifie parfaitement l'idée naïve de *Bernardin de Saint-Pierre* qui nous dit : « La bonne nature fait présent à l'homme du bouquet, souvent dans le but de lui être utile ; c'est à lui de le faire valoir s'il veut en parer son habitation ou se procurer de douces jouissances. »

Est-il une source d'amusement plus pure et plus délicate que l'observation de la structure et du développement de l'admirable fleur du dahlia? Quoi de plus agréable, de plus intéressant, que de coopérer à son éducation, et de s'emparer, comme le dit M. *Paxton*, des riches moissons de savoir et de plaisirs que présente chacune de ses parties?

Sa culture est devenue un objet de rivalité pour les horticulteurs commerçants, une occupation délicieuse pour les amateurs. Nos dames y consacrent également leurs loisirs; elles se font gloire de leurs élèves.

La possession de ces belles fleurs fera toujours honneur à l'homme de goût. Le public ne se lassera jamais d'admirer ces magnifiques collections, qui, complètes aujourd'hui, s'enrichissent le lendemain d'une nouvelle variété plus brillante que ses sœurs : car, véritable Protée, cette fleur se reproduit incessamment sous des formes et avec des couleurs de plus en plus séduisantes.

Le dahlia, à l'époque de son introduction en Europe, occupa beaucoup de savants botanistes français et étrangers. L'horticulture lui a accordé la préférence qu'il méritait. Cette plante, depuis si longtemps en contact avec la science, l'art et l'industrie, a donné lieu successivement à des mémoires, à des observations très judicieuses ; enfin, à une culture spéciale fort intelligente. Toutes les périodes de son existence ne sont qu'une suite de progrès satisfaisants : c'est ce que nous nous proposons de constater.

Pour être juste, nous mentionnerons d'abord les

illustres botanistes qui ont fait à cette plante un si bon accueil ; nous ferons connaître leurs premiers travaux. Enfin, nous indiquerons les moyens mis en usage par nos plus habiles horticulteurs pour propager le dahlia et obtenir des variétés dont le nombre et l'éclat vont toujours croissant.

Cet ouvrage est donc un résumé des longues observations de l'expérience. La pratique y consigne ses moyens d'exécution. C'est pour ainsi dire une mise en commun de toutes les notions acquises. L'horticulteur n'a pu créer, multiplier, modifier ses procédés qu'avec le temps. Les observations des premiers ont servi de base à celles des derniers ; mais, comme l'art de la culture ne peut reposer sur des principes absolus, ce sera à l'horticulteur intelligent à faire son choix.

MANUEL

DU

CULTIVATEUR DE DAHLIAS

CHAPITRE I.

Histoire du dahlia.

I. — Origine.

Le dahlia est originaire du Nouveau-Monde. En 1803, deux illustres naturalistes, MM. de Humboldt et Bonpland, descendant du plateau du Mexique du côté de la mer du Sud, se trouvèrent dans une espèce de prairie, chose assez rare sous les tropiques. Cette prairie était située à l'est du volcan de Jorullo, et près de Pascuéra, c'est-à-dire à plus de 2,000 mètres au-dessus du niveau de la mer. Ils y remarquèrent des plantes qui leur étaient inconnues; elles n'avaient pas, écrivait M. de Humboldt, plus de $0^m,12$ à $0^m,15$ de hauteur; elles étaient en fleurs et portaient des graines mûres. Ils

1.

en augurèrent si bien que, malgré leur aspect sauvage et leur très simple apparence, ils recueillirent
de leurs graines, se proposant d'en enrichir nos jardins d'Europe.

Revenus à Mexico, ils apprirent que cette plante
était cultivée en Espagne depuis quelques années.

II. — Introduction en Europe.

Des graines de cette plante avaient été adressées, en 1791, par M. Vicentes Cervantes, directeur du jardin botanique de Mexico, à M. Cavanilles, directeur du jardin botanique à Madrid. Ces
graines donnèrent des fleurs simples en 1792. Cavanilles en forma un genre qu'il désigna sous le nom
de *dahlia*, pour rendre hommage à M. *Dahl*, botaniste suédois.

Introduit en Allemagne sous ce nom, le dahlia
y fut parfaitement accueilli; mais, par un de ces
faits qui viennent trop souvent embrouiller les nomenclatures en botanique, Willdenow lui imposa
un autre nom que celui qu'il avait reçu en Espagne;
il le nomma *georgina*, en le dédiant à M. Géorgi,
professeur de botanique à Saint-Pétersbourg.

Willdenow, en exprimant un sentiment d'amitié,
eut encore, à ce qu'on dit, l'intention de remédier à
l'inconvénient que nous venons de signaler; car il
existe aussi une très jolie plante légumineuse à
fleurs pourpres qui forme le genre *dalea*, consacré
par Thunberg à M. Dale, botaniste anglais. Cette

plante est originaire du pays des Illinois. Le nom de georgina n'a pu prévaloir que dans le nord de l'Europe, malgré l'assentiment de beaucoup de botanistes; dans le midi, en France, en Angleterre, celui de dahlia a été conservé à la plante mexicaine.

Un fait assez curieux pourrait faire croire que cette plante croît aussi en Chine. Cette croyance toutefois ne serait fondée que sur une similitude. M. Lelieur raconte que Napoléon donna, en 1804, à madame de Brienne, une tenture en soie venant de la Chine; on y voyait une grande quantité de fleurs et d'oiseaux de ce pays. Parmi les plantes, on remarquait diverses espèces de pivoines herbacées et en arbre, ainsi que des *magnolia* et une grande variété de *camellia;* enfin, des *dahlias* doubles et de différentes couleurs, *le bleu excepté.* Personne, à ce que nous sachions, ne l'a vu dans cette contrée ou ne l'a importé en Europe.

Le Jardin des Plantes de Paris ne posséda le dahlia qu'en 1802; il lui fut adressé directement d'Espagne. Il vint ainsi augmenter la grande famille des plantes exotiques, qui retrouvent leur climat dans ce magnifique établissement. En raison de son origine tropicale, on le plaça dans les serres chaudes, on le soumit à la culture *classique;* mais là il ne pouvait se produire avec tous ses avantages; car, dans un établissement aussi cosmopolite, aussi universel, il est de toute impossibilité de s'occuper des variétés d'un genre quelconque.

André Thouin, habile et modeste cultivateur, lui prodigua tous ses soins; il le fit avec d'autant plus d'intérêt que la plante lui avait été annoncée comme doublement précieuse, par ses racines tuberculeuses, propres à fournir des aliments, et par la beauté de ses fleurs. Il n'y avait là rien d'impossible : la beauté des fleurs n'exclut pas toujours dans les végétaux la qualité des produits. Malheureusement on reconnut que la racine du dahlia ne pouvait être admise dans l'économie domestique. Cette méprise ne fut ni un échec ni une humiliation pour le dahlia. Echappé aux investigations de la science gastronomique, il tomba avec plus de bonheur dans les mains des horticulteurs, qui prévirent ce qu'il deviendrait un jour. Leurs prévisions n'ont pas été déçues.

III. — Etude botanique.

Le dahlia appartient à la grande famille des Radiées (de Jussieu), famille 73 des Composées, tribu 7 des Astérinées, sect. 1 Ecliptées. (Ad. Brongniart.) C'est une plante herbacée. La tige, creuse et ramifiée dès sa base, s'élève à plus de 2 mètres. Ses feuilles sont d'un vert gai en dessus, d'un vert pâle en dessous; leurs pédoncules sont sillonnés en forme de gouttières; ce qui prouve, nous dit Bernardin de Saint-Pierre, que la plante est née sur un sol très sec et fort élevé. Dans cette catégo-

rie de plantes alpines, les feuilles ont été ainsi disposées par la nature prévoyante, afin de recueillir
précieusement les eaux et de les conduire immédiatement vers la racine. Cette tige se termine par des
fleurs grandes, de couleurs très variées, portées
sur de longs pédoncules; elles sont composées d'une
rangée de demi-fleurons; le milieu ou disque de la
fleur est occupé par une multitude de fleurons d'un
jaune doré; son diamètre est de 0^m,08 à 0^m,10 et plus

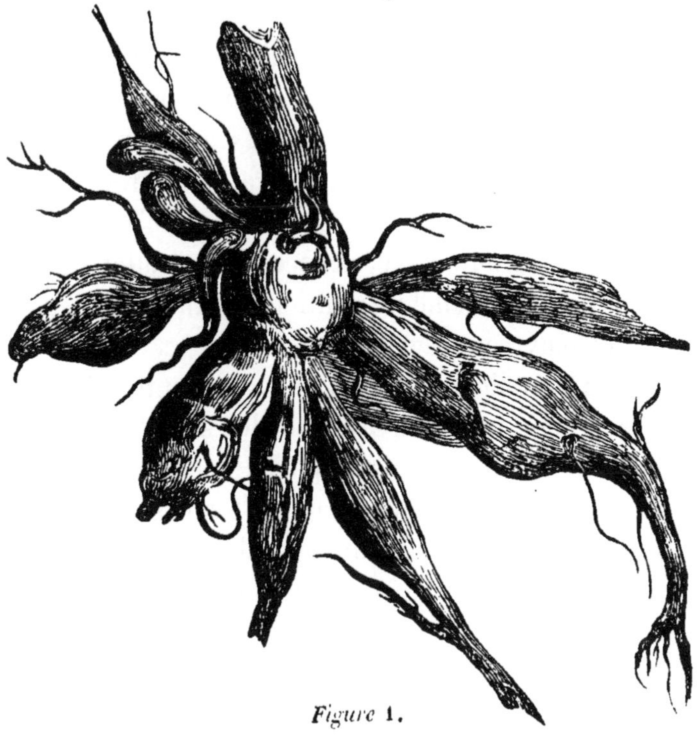

Figure 1.

La plante (fig. 1), vivace par sa racine, est annuelle par sa tige; cette racine se compose de gros tubercules fusiformes, réunis en faisceaux attachés au collet de la plante. André Thouin (1804) pensait que ces tubercules pouvaient contenir une substance farineuse, une fécule alimentaire. Cette qualité fut attribuée au tubercule du dahlia pendant longtemps par beaucoup de botanistes, et par le public qui les crut sur parole. On disait qu'au Mexique cette racine, cuite sous la cendre, servait d'aliment, et on pensait qu'une fois acclimatée et perfectionnée par la culture elle pourrait devenir d'une grande ressource pour la nourriture de l'homme, ou au moins pour celle des animaux. Cette espérance fut déçue, et le contraire fut prouvé dès 1810 par le professeur de Candolle, qui l'avait soumise à beaucoup d'expériences sans résultat satisfaisant. Cette racine ne contient qu'un fluide d'une saveur poivrée et repoussante.

De Candolle avait observé avec attention la nature de ces tubercules. Ils ne lui semblaient pas conformés comme beaucoup d'autres, ce qui lui fit dire, sans toutefois développer toute sa pensée : « Il ne faut pas confondre sous le nom de tubercule des *organes radicaux* qu'il faut étudier séparément et avec soin. »

Cette étude a été faite par M. le professeur Richard : il en a conclu que la racine du dahlia devrait se nommer *tubériforme*, et non pas tubercule.

« J'appelle racines tubériformes, dit M. Richard

celles qui sont renflées en forme de tubercules : telles sont celles du *dahlia*, des *pivoines*, de la *filipendule*, etc. Il ne faut pas confondre les racines tubériformes, qui ne sont que des fibres radicales plus ou moins renflées, quelquefois dans presque toute la longueur, comme dans la *filipendule*, avec les véritables tubercules. Ces derniers naissent constamment sur des portions de tiges souterraines, et leur caractère essentiel et physiologique, c'est qu'ils contiennent de véritables bourgeons qui doivent se développer à l'air : tels sont la *pomme de terre*, les tubercules des *orchis*. »

IV. — Effets de la culture classique.

Voilà la plante, botaniquement parlant, telle que la nature l'a constituée ; voyons actuellement ce qu'elle deviendra au moyen de la culture classique.

Cavanilles avait distingué trois espèces de dahlias, les premiers qui fleurirent en Europe :

1º Dahlia (pourpre), feuilles opposées, hémipari-pinnées, pinnules à cinq divisions ovoïdes, dentées en créneaux ;

2º Dahlia (ponceau), feuilles bipinnées, à divisions ovales, dentées, arquées ;

3º Dahlia (rose), feuilles opposées, coniques, hémipari-bipinnées ; les subdivisions alternent le plus souvent.

Cavanilles caractérisait ces plantes par la forme des feuilles, ce qui n'avait rien de très positif. Le tat où se trouvait alors la fleur (fig. 2) est bien diffé-

Figure 2.

rent de celui où nous la voyons aujourd'hui. Par l'effet de la culture, on ne distingue presque plus le disque, et les ligules, imbriquées à l'infini, sont d'un charmant aspect.

Dès le premier coup d'œil on fut d'accord sur les caractères du genre; mais on diffère encore d'opinion sur le nombre et la vraie distinction des espèces qui le composent.

Willdenow (*Hortus Berolinensis*) réduisit les trois espèces à deux, qu'il distingua en dahlia à *tige nue* et dahlia à *tige poudrée*. En définitive, Brown, Kunth et beaucoup de savants botanistes pensèrent que les espèces de Cavanilles et celles de Willdenow n'étaient que des variétés d'une seule et même espèce. On verra qu'ils étaient dans le vrai. On peut citer déjà à l'appui de leur opinion une observation du respectable M. Lelieur, qui dit avoir obtenu le dahlia poudré en semant des graines de dahlia à tige glabre. J'ai aussi, comme beaucoup d'horticulteurs, remarqué ce fait dans des semis de cette plante.

Des trois prétendues espèces de Cavanilles, le dahlia rouge mordoré (*variabilis*) est la seule variété reconnue aujourd'hui; toutes nos variétés actuelles en proviennent; les autres lui sont inférieures, elles produisent beaucoup moins de variétés.

Quoi qu'il en soit de ces genres reconnus pour des variétés, il n'existe pas moins très réellement des différences remarquables entre leurs tiges, différences fort appréciées même aujourd'hui. Le dah-

lia que **Willdenow** nomme à tige poudrée est effec-
tivement couvert d'une poussière glauque, tandis
que le dahlia à tige nue en est absolument dépourvu.
Les tiges diffèrent entre elles en hauteur, en couleur, en grosseur; le feuillage est également si di-
versifié par sa forme et dans tout son ensemble, qui
présente des masses de verdure plus ou moins nour-
ries, qu'il nous semble à propos d'en faire ici une
courte mention ; car, si la fleur du dahlia est notre
sujet principal, le port de cette plante et son feuillage ne doivent pas moins se trouver en harmonie
avec elle.

Le professeur de Candolle, qui fut un des premiers en France à étudier la plante qui nous occupe,
confirme la distinction du dahlia établie par **Willdenow** et la lie à un caractère plus important. Il avait
remarqué que les dahlias dont la tige est dépourvue
de poussière glauque ont des fleurons extérieurs
munis d'un pistil, tandis que ceux dont la tige est
couverte de cette poussière ont les fleurons extérieurs stériles. Mettant à profit cette observation,
il a, le premier, établi un certain ordre dans les
nombreuses variétés de ces deux espèces. En voici
le tableau et la synonymie.

La première *race*, celle dont la tige est nue, se
compose de tiges élevées, plus robustes que toutes
les autres. Elles sont souvent rougeâtres et quelquefois couvertes de petits poils. Les feuilles, grandes, fort peu divisées, sont d'un vert foncé; les

fleurons de la couronne sont pourvus d'un style moins développé. Les variétés qui se rapportent à cette race sont :

1º Le dahlia *rouge* ou *mordoré* (*variabilis*), qu'il faut distinguer du pourpre. Les fleurs de son rayon ont le limbe proportionnellement plus ovale et plus court que le limbe de tous les autres ; il pourrait mériter le nom d'espèce.

2º Le dahlia *pourpre*. Ses demi-fleurons sont plus longs que ceux de la précédente variété, et beaucoup moins longs que ceux de la variété suivante, auxquels ils ressemblent cependant par la forme ; il double avec une grande facilité.

3º Le dahlia *lilas ;* c'est le rose de Cavanilles ; il est le plus rustique de tous. La sommité des tiges est un peu velue.

4º Le dahlia *pâle ;* plus petit que les précédents ; le pâle tire sur le rose. Ses demi-fleurons sont moins longs et moins étalés que dans la variété lilas.

5º Le dahlia *jaune ;* demi-fleurons tantôt d'un jaune soufré, tantôt d'un jaune un peu mêlé de rose.

La couleur de cette race variant constamment du pourpre au jaune, il n'est pas probable qu'on puisse jamais en obtenir la couleur bleue. Nous renvoyons le lecteur à la partie de cet ouvrage qui traite des COULEURS pour prouver ce que nous avançons ici.

Les variétés de la seconde *race,* à tige poudrée, sont plus basses, plus délicates que les précédentes. Leurs feuilles sont plus petites, plus divisées ; elles sont aussi d'un vert plus clair; les demi-fleurons sont dépourvus de pistils. Cette *race* comprend les variétés suivantes :

1° Le dahlia *ponceau* ; fleur assez grande, tirant sur l'orangé ;

2° Le dahlia *couleur de feu* : fleurs moitié plus petites que celles du dahlia ponceau;

3° Le dahlia *jaune pur;* fleurs de la même grandeur que celles du dahlia précédent; couleur plus intense, plus citrine que dans la variété jaune de la première race.

Ces huit variétés offrent chacune une sous-variété, parce que leurs fleurs sont toutes susceptibles de doubler, à la façon ordinaire des radiées, savoir : parce que leurs fleurons centraux se fondent, s'allongent en demi-fleurons de la même couleur que ceux du bord.

Nous rappellerons ici que la fleur radiée est composée tout à la fois de fleurons et de demi-fleurons; ceux-ci, toujours placés à la circonférence, étalent ordinairement leurs *languettes* en manière de rayons. Les demi-fleurons ou rayons sont le plus souvent femelles, plus rarement stériles; les fleurons sont hermaphrodites, ou bien ceux du pourtour avoisinant les demi-fleurons sont femelles. On reconnaît qu'un fleuron hermaphrodite est stérile à l'imperfection manifeste de son pistil, ou à la disproportion qu'il y a entre les parties de celui-ci et celles du pistil des autres fleurons fertiles. Un horticulteur doit beaucoup s'exercer dans l'examen de ces fleurons, s'il est dans l'intention de féconder artificiellement ses fleurs. Voici la forme de ces divers fleurons ou *ligules*, ou languettes, *ligula*, de *lingua*, langue. Fig. 3, demi-fleuron stérile; fig. 4,

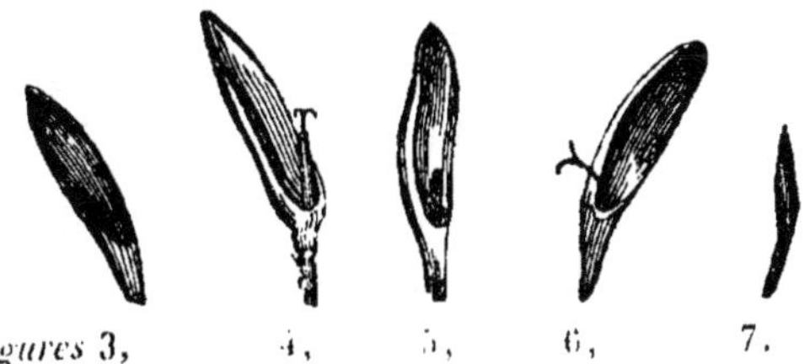

Figures 3,   4,   5,   6,   7.

demi-fleuron hermaphrodite; fig. 5, demi-fleuron femelle; fig. 6, demi-fleuron mâle; fig. 7, graine.

C'est par le doublement à l'infini que le dahlia est parvenu au degré de beauté qui explique le goût des amateurs pour une fleur *pleine* bien conformée [1].

Le dahlia, parvenu en Europe en 1789, y fleurit pour la première fois en 1791. Cavanilles adressa en 1802 ses prétendues espèces au Jardin des Plantes de Paris, à André Thouin, et à de Candolle à Montpellier.

Comme le dahlia était né sous le tropique, il fut d'abord traité, pendant tout l'hiver, à Paris, à Montpellier et partout ailleurs, comme une plante de serre chaude, ou tout au moins de bonne serre tempérée. Suivant le *Botaniste cultivateur* de 1801, « il faut le cultiver dans la serre chaude en mai, dans

(1) Voir le Mémoire de de Candolle, *Annales du Muséum d'histoire naturelle.*

la serre tempérée en juin, puis toujours en pots, au
pied d'un mur, à l'exposition du midi, ou bien en
pleine terre, pour mieux opérer sa naturalisation. »

Thouin ne dérogea pas à cette culture classique;
il maintint ses pots à une température de 12° à 15°
de chaleur. Mais à Montpellier, dont la température
est naturellement douce, de Candolle, qui probablement avait mieux étudié l'organisation de la
plante, la retira de la serre chaude après un an d'é-
preuve pour la placer en pleine terre, où elle réussit
très-bien, à l'aide de quelques précautions pour
son exposition et pour la conservation de ses racines. Si, à l'exemple de de Candolle, on eût étudié
plus soigneusement cette plante, on se serait épar-
gné bien des peines; mais, à l'époque dont nous
parlons, on n'abandonnait qu'avec de grandes difficultés le système adopté pour naturaliser ou ac-
climater une plante exotique.

Aujourd'hui on croit, et avec raison, ce nous
semble, que ce n'est jamais sans danger que l'on
expose une plante à un degré de froid plus intense
que celui pour lequel elle paraît être organisée. Le
dahlia, ainsi que les pommes de terre, les balsami-
nes et une foule d'autres plantes, sera probablement toujours sensible aux froids rigoureux, incon-
nus sous son climat naturel.

Il faut donc que le régime qu'on lui impose soit
constamment en rapport avec son organisation,
sauf certaines modifications, c'est-à-dire de la cha-

leur et de l'air dans une proportion convenable.

M. de Humboldt, en 1803, avait expédié ses graines au Jardin des Plantes de Paris, à la Malmaison et à M. Otto, de Berlin. Ces graines produisirent beaucoup de variétés. M. Otto obtint un dahlia cocciné ; il avait reçu précédemment de Dresde des tubercules du *pallida* et du *purpurea*. En 1806, le jardinier de la Malmaison adressa au jardinier fleuriste de Saint-Cloud, toujours comme étant trois espèces distinctes, trois sortes de dahlias, le cocciné, le pourpre et le jaune à tige grêle. Les graines qui en provinrent, ainsi que celles récoltées sur trois pieds de doubles, seules connues alors, savoir : le pourpre foncé, le rose hortensia et le jaune nankin, furent semées. Mais quelle fut la surprise lorsqu'on ne trouva dans le semis, qui cependant offrait un grand nombre de variétés, ni cocciné, ni jaune, ni double ; on n'y remarqua que les pourpres, les cramoisis et les nankins. Il ne se trouvait donc pas là d'espèces, mais seulement des variétés. Ce ne fut qu'après trois années qu'ayant rapproché les porte-graines les uns des autres, dans l'espérance que les croisements se feraient plus utilement, on put obtenir, d'année en année, des nuances dans les couleurs, et même des formes qui parurent merveilleuses. Le dahlia blanc de neige, qui aurait pu passer pour une espèce, si on n'eût pas connu son origine, date de ce moment.

Malgré tous les essais, la fleur restait simple,

c'est-à-dire n'ayant que plus ou moins de fleurons ligulés à la circonférence.

Vers 1817, on adressa quelques-unes de ces variétés à M. Sabine, secrétaire de la Société d'Horticulture de Londres. Elles furent parfaitement accueillies par le public, et vues avec assez d'indifférence par beaucoup de botanistes. Enfin, le dahlia, d'abord un peu négligé, se développa avec un tel éclat, par les soins des cultivateurs anglais, qu'il fait aujourd'hui leur gloire et les délices des amateurs.

M. Ternaux, de Paris, obtint dans son jardin d'Auteuil, par les soins de Vassey, son jardinier, un grand nombre de dahlias à fleurs doubles, c'est-à-dire à réceptacle commun, ne contenant que des fleurons à pétales ligulés ou tubulés, et à fleurs semi-doubles. Cependant les semis du fleuriste de Saint-Cloud, qui étaient les mêmes que ceux d'Auteuil, n'offraient toujours que des fleurs simples; les fleurs doubles ne parurent qu'en 1817.

Ces différences ont donné lieu à des observations qui devaient, ainsi que nous le verrons, profiter à la culture spéciale du dahlia.

Des cultivateurs hollandais, plus heureux, obtinrent dans leurs semis beaucoup de variétés à fleurs doubles. M. Soutif, jardinier à Passy, s'en procura des graines, et réussit aussi à se procurer de très belles variétés qu'il mit dans le commerce.

Ainsi s'étaient écoulés dix-sept ans dans des tâtonnements continuels. Ce fut seulement à cette

époque que les dahlias à fleurs simples firent place
définitivement aux variétés à fleurs semi-doubles,
doubles, enfin aux fleurs pleines.

V. — Fleurs semi-doubles, doubles, pleines.

Il paraissait assez singulier qu'un semis effectué
simultanément à Saint-Cloud et à Auteuil ne don-
nât pas le même résultat, ainsi que nous venons
de le raconter ; il fallut en conclure que cela
provenait de la nature des terrains. En effet, la
graine récoltée dans une terre forte, celle de Saint-
Cloud, contenait le principe de beaucoup d'étamines et tendait fortement à la reproduction, but
unique des fleurs simples ; tout au contraire, celle
récoltée dans un terrain léger et même pauvre, celui
d'Auteuil, ne devait donner que des produits avor-
tés dans leurs organes générateurs, et par conséquent des fleurs doubles. Il faut encore remarquer
que le terrain où l'on sème ne peut changer ni le
fond de la couleur ni la forme de la fleur renfermée
dans la graine, mais qu'il peut modifier ou amoindrir la fleur et la plante.

Dans le nord de la Grande-Bretagne, M. Wedg-
wood fit aussi des essais sur le dahlia, et son talent
connu lui fit surmonter les obstacles que devait lui
opposer ce climat rigoureux. D'abord il n'obtint
que peu de fleurs et beaucoup de feuillage, parce
qu'il maintint sa plante trop longtemps dans la
serre. En septembre, la gelée la surprit.

Au midi, ce fut bien différent ; M. de Candolle, qui ne devait éprouver à Montpellier, dans la saison la plus froide, que des gelées dont la plus forte ne fait pas descendre le thermomètre centigrade à —8°, jugea convenable de laisser ses tubercules en pleine terre, toutefois en les abritant sous une épaisse couche de feuilles sèches. Il avait justement apprécié l'organisation de la plante.

C'est ainsi que le dahlia s'est propagé assez lentement. Ses habitudes originelles ont enfin été reconnues. Le régime des serres n'est plus applicable qu'à sa multiplication, boutures ou greffes, dont il accélère la végétation. L'air et la pleine terre lui ont été rendus. L'expérience l'a soumis à une culture spéciale dont nous allons nous occuper.

En résumé, nous devons beaucoup à la science du botaniste ; entre ses mains, la plante s'est développée dans toute sa simplicité. Qu'était le dahlia en Amérique ? Une petite plante herbacée sortant des mains de la nature, jetée au hasard au milieu de mille autres aussi simples qu'elle, et qui aurait continué à végéter sans éclat sur le sol qui l'avait vue naître. Que devient-elle dans nos jardins ? Elle répond aux soins dont on l'entoure par de nombreuses variétés ; elle atteint 2 mètres à 2^m,50 de hauteur ; elle prend rang dans nos familles naturelles ! Le botaniste cultivateur a bien rempli sa tâche ; le dahlia végète avec vigueur ; à l'horticulteur maintenant. Tous les jours nous admirons le zèle et le talent qu'il déploie pour ajouter de nouvelles beautés à celles déjà obtenues ; si l'art préside à ses inconcevables métamorphoses, le goût le dirige éminemment.

Qu'a donc de si merveilleux cette culture? dira l'homme indifférent et peu connaisseur.... Voyez, lui répondra-t-on, ces fleurs nombreuses, peintes par fois d'un coloris vermillon nuancé de grenade, ce centre légèrement ombré de noir, ce diamètre de $0^m,08$ à $0^m,10$; cette forme sphérique et très bombée ; ces ligules en cornets très fins, se présentant graduellement sur environ trente-cinq rangs ! comprenez-vous ? trente-cinq rangs ! comme imbriqués et dans un ordre admirable !... Ce n'est pas tout que cette magnificence actuelle ; chaque saison ne développe-t-elle pas quelques particularités de formes, de couleurs?... Amateurs, cultivateurs, vous pouvez dire avec M. Paxton : Où cela finira-t-il? quel avenir de jouissances !

CHAPITRE II.

Culture spéciale du dahlia.

La culture spéciale du dahlia a un double but: celui de se procurer, par des soins intelligents et assidus, de belles fleurs et des sujets distingués, et celui de multiplier autant que possible les variétés que les amateurs recherchent le plus

Élever et multiplier sont chose inséparable pour l'horticulteur. Mais la propagation est tellement urgente, surtout pour le commerce, qu'elle commence pour le dahlia presque au moment où il entre en végétation ; on est même forcé de la provoquer par des moyens artificiels dès le commencement de l'année.

Nous allons examiner en premier lieu les éléments de cette culture, savoir : la *température* et le *sol* qui conviennent à cette plante. Nous traiterons ensuite de sa *végétation* et de ses moyens de *reproduction*, de son *développement*, de sa *floraison*, enfin de toutes ses *perfections*.

I. — Température nécessaire au dahlia.

La température propre au dahlia en Europe a été, comme nous l'avons vu, longtemps problématique. Le Mexique, sa patrie, placé sous le tropique du Cancer, jouit nécessairement d'un degré de chaleur beaucoup plus élevé que celui que nous éprouvons habituellement en France. Cette première considération a dû assujettir tout d'abord cette plante au régime de la serre chaude. Cependant, si l'on eût observé qu'elle croît sur des montagnes fort élevées, on aurait justement conclu que sa température climatérique pouvait être très modifiée. Mexico est sous le 20ᵉ parallèle de latitude septentrionale, dans la zone torride, mais à 2,336 mètres au-dessus du niveau de la mer. Si le climat y est habituellement doux et tempéré, les vents orageux du nord y causent parfois un froid assez piquant; il y tombe même de la neige. Pouvons-nous rigoureusement nous régler sur cette latitude de 19° à 20° pour déterminer sa température? car le volcan de Jorullo, voisin de notre dahlia, est sous le 19ᵉ parallèle. Sans aucun doute le degré fait connaître le climat; mais sous ces degrés n'existe-t-il pas partout des différences occasionnées par les montagnes, les courants d'air, la nature du sol, le voisinage d'une forêt, celui de la mer, etc.; différences qui toutes influent d'une manière sensible sur la température d'un lieu quelconque? Ne voit-on pas, à l'inspection de la carte, que, dans l'Amérique septentrionale, la température entre le 36° et le 45° est la même que celle du 50° en France? Il est donc possible de cultiver en pleine terre dans notre climat toutes les plantes qui croissent sous cette latitude du Nouveau-Monde. Les régions élevées offrent aussi à peu près le même degré de froid qu'on éprouve sur toutes les zones en descendant du pôle vers l'équateur; ce qui fait qu'elles présentent souvent les mêmes végétaux, ou au moins des plantes congénères.

Il ne faut cependant pas croire, d'après ces observations, que le dahlia puisse vivre partout en pleine terre sur notre sol, sans exiger aucun soin, aucune précaution. Dans le midi de la France, il lui faut une exposition particulière qui ne lui conviendrait pas dans le nord et même aux environs de

Paris. Ses racines, il est vrai, peuvent rester en terre pendant l'hiver, mais il faut les préserver du froid, qui cependant est fort peu intense. Dans le nord, il faut prendre plus de précautions; des hivers plus rigoureux et plus longs en font une nécessité indispensable.

Chez nous, les chaleurs de l'été suffisent au dahlia pour se produire avantageusement, mais il redoute les gelées précoces; à plus forte raison un grand froid, un froid persévérant qui ne peut l'atteindre sous son parallèle. Ses racines, qui n'y gèlent jamais, en sont une preuve. Dans nos contrées, un froid de —5° les gèle dans l'espace d'une seule nuit. On voit même communément cette plante jaunir et languir sous une température de + 6°.

La culture de serre n'est donc convenable que pour la multiplication précoce de l'individu. L'air libre bien ménagé est ce qui lui convient le mieux, sauf les accidents à prévoir.

C'est ainsi, dit M. Lelieur, qu'il ne faut pas toujours supposer au climat l'influence matérielle qu'on semblerait devoir lui attribuer. Il faut préalablement se rendre compte de tout ce qui peut modifier cette influence, lorsqu'il s'agit de gouverner une plante étrangère.

II. — Sol convenable au dahlia.

De quelle nature est le sol vierge où croît le dahlia? nous l'ignorons. Aucun botaniste ne nous en

instruit; nous en sommes encore aux conjectures.
M. de Humboldt trouva cette plante à une hauteur
considérable au-dessus du niveau de la mer, au milieu de montagnes très élevées, dans une plaine qui
lui parut avoir le caractère d'une prairie, phénomène, dit-il, qui se rencontre rarement dans un pays
dont les plaines sont communément assez sablon-
neuses. Il est donc probable que cette plaine fait
exception, en réunissant une terre sablonneuse à
une terre analogue à celle des prairies. En admet-
tant cette modification, on doit conclure que le dahlia réclame une terre légère et en même temps géné-
reuse.

Sans doute ceux qui prétendent que le dahlia
peut croître dans toutes les terres et sous toutes les
expositions n'ont pas fait ces réflexions. Oui, le dahlia vient partout; mais il vient bien ou mal, suivant
la nature du sol où le hasard le place. J'en ai vu de
fort beaux autour de la chaumière d'un paysan. Ils
étaient là pour lui réjouir la vue. J'en ai vu sur le
bord d'un ruisseau; ils s'y reflétaient avec grâce.
Mais ces cultures sauvages et agrestes ne sauraient
convenir à un amateur, à un homme de goût; c'est
trop peu pour lui. Il exige de la nature de plus belles
parures, de plus belles fleurs.

Thouin fut l'un des premiers à émettre quelques
idées sur la nature de la terre propre à cette culture.
Il conjectura, d'après la consistance des racines du
dahlia, qu'une terre profonde, argileuse, mêlée de

gros sable, lui convenait, et qu'en raison de la quantité de fanage qu'il fournit pendant sa végétation rapide cette terre devait être riche en humus. Il conclut qu'elle devait peu différer de celle que l'on compose pour les orangers. Ce n'était pas là le dernier mot de l'expérience pratique.

M. Dahl nous dit aussi que le terrain le mieux adapté à la culture de cette plante est une terre franche, de couleur jaune. Si elle est récemment levée de la pelouse, elle n'en sera que plus favorable.

Ces données sont aujourd'hui très insignifiantes. Une longue pratique peut seule, en horticulture, conduire à la perfection, car l'expérience amène chaque jour une modification, une amélioration. Cette plante languit, s'épuise, elle n'aura qu'une très courte durée... c'est qu'elle occupe un sol trop léger; la chaleur, en temps de sécheresse, la pénètre trop facilement... Cette autre plante n'a obtenu qu'une végétation luxuriante, son fanage est superbe et sa floraison chétive; son terrain était donc trop humide; et mille autres indications analogues.

Les terrains ingrats ne manquent pas. Signalons-en deux absolument incapables de produire un beau dahlia. Peut-être le terrain intermédiaire pourrait-il, à la rigueur, lui suffire pour végéter tout simplement.... Mais non, il lui faut un sol plus spécial.

Ces deux mauvais terrains advenant, il faudra les changer en totalité ou en grande partie. C'est ce qui est arrivé à M. Soutif, dont le sol est composé de tuf calcaire pur. Les soins, les dépenses, le travail ne doivent point arrêter le cultivateur qui aime son art. Lorsqu'il considère la beauté de ses plantes, la supériorité de ses fleurs, toutes les peines sont oubliées; il ne se souvient plus des mécomptes; une seule chose l'indemnise de son temps, des essais infructueux : c'est d'avoir enfin réussi.

Un de ces terrains pourrait être extrêmement léger, friable, et pourvu d'une trop grande quantité de matières végétales en décomposition ; l'autre, au contraire, pourrait être d'une contexture très serrée et adhérente, susceptible par conséquent de retenir l'eau. Ces deux terrains seront peu favorables au dahlia ; en voici la raison : dans le terrain d'une nature adhérente, la racine tubériforme se trouve trop comprimée et ne peut se développer avec facilité ; elle éprouve trop de froid et d'humidité constante par l'effet de la maigreur de cette terre. La plante ne reçoit qu'une nourriture chétive qui est promptement, quoique difficilement, absorbée par les fibres et les petites racines ; cette nourriture est tout à fait insuffisante pour le développement convenable de toutes les parties de la plante.

Dans le terrain d'une nature légère et friable, que peut-on espérer ? Beaucoup trop poreux, il ne peut ni retenir l'eau et s'imbiber suffisamment par un temps sec, ni conséquemment se maintenir frais pendant de longues sécheresses. Les racines prennent une extension extraordinaire en raison de la richesse de l'humus, et la séve profite fort peu aux parties de la plante... Voilà le mal ; indiquons le remède.

Pour réduire cette terre argileuse et humide à un état de friabilité convenable, on peut employer du sable de rivière, du terreau et les ratissures des allées, le sable en plus grande quantité ; ce mélange, fait vers l'automne et souvent retourné, sera porté en novembre sur le terrain à bonifier ; on l'étendra sur $0^m,08$ environ d'épaisseur, puis l'on donnera un labour profond. Chaque sillon devra rester élevé en position inverse, et l'on tâchera de conserver cette terre en mottes. On la laisse reposer ainsi jusqu'au printemps ou à la fin de mars, exposée à l'action de l'air et des gelées ; à cette époque, on y dépose une nouvelle couche du premier mélange, d'une épaisseur de $0^m,05$, puis on donne un second labour profond pour que l'air puisse pénétrer plus intimement. Cette terre ainsi préparée reposera jusqu'au mois de mai, temps de la plantation des dahlias ; alors on bêchera superficiellement, c'est-à-dire qu'elle sera seulement piquée à la bêche. Une fois le sable bien mêlé à la terre, on la travaillera très facilement la saison suivante. Elle s'améliorera ainsi chaque année, le dahlia s'y montrera sensiblement plus parfait. Après cette opération, la terre, devenue plus friable, exigera une petite quantité de terreau bien consommé. Le fumier de feuilles sèches parfaitement décomposées deviendrait en ce cas un riche engrais ; il rendrait la terre de plus en plus légère et friable

Il est plus difficile de rendre friable une terre adhérente que de rendre adhérente une terre naturellement faible et légère. Pour ce dernier terrain, il faut nécessairement apporter et mêler de la terre plus compacte, puis n'employer que la quantité d'engrais nécessaire à la récolte qu'on désire en retirer.

On peut pourtant obtenir des succès dans les terres les plus légères, dans les sables fins peu mêlés d'humus ; mais alors il faut fumer suffisamment et arroser beaucoup, car les arrosements et les pluies seront bientôt absorbés par l'air et par le sous-sol.

Quant aux terrains intermédiaires, l'expérience indiquera les modifications à y apporter pour les rendre propres à la culture de notre plante ; ces modifications sont du reste assez simples.

En résumé, une terre convenable au dahlia, suivant nos plus habiles praticiens, se compose de terre franche légère, à laquelle on ajoute, pour moitié au moins, du terreau mi-passé, provenant de fumier de cheval, comme de coutume, pour les terrains frais, et de fumier de vache pour ceux qui sont plus arides.

Si la terre franche était trop compacte, il faudrait la modifier par un mélange soigné d'un tiers de terreau et d'un tiers de terre de jardin légère. Nous estimons beaucoup le terreau, surtout celui de feuilles mortes parfaitement décomposées ; c'est le plus naturel.

CHAPITRE III.

Végétation, Propagation.

La végétation du dahlia se manifeste au commencement de la belle saison. La tige ou les tiges s'élèvent au-dessus du couronnement du tubercule, jamais au-dessous. B, dans la fig. 8, indique une pousse pour greffe ou bouture; C, la place d'une pousse déjà amputée.

Le moyen de multiplication le plus facile et le plus naturel dans les végétaux est celui qui a lieu au moyen des graines; mais il en est encore d'autres que l'art de la culture a mis à contribution.

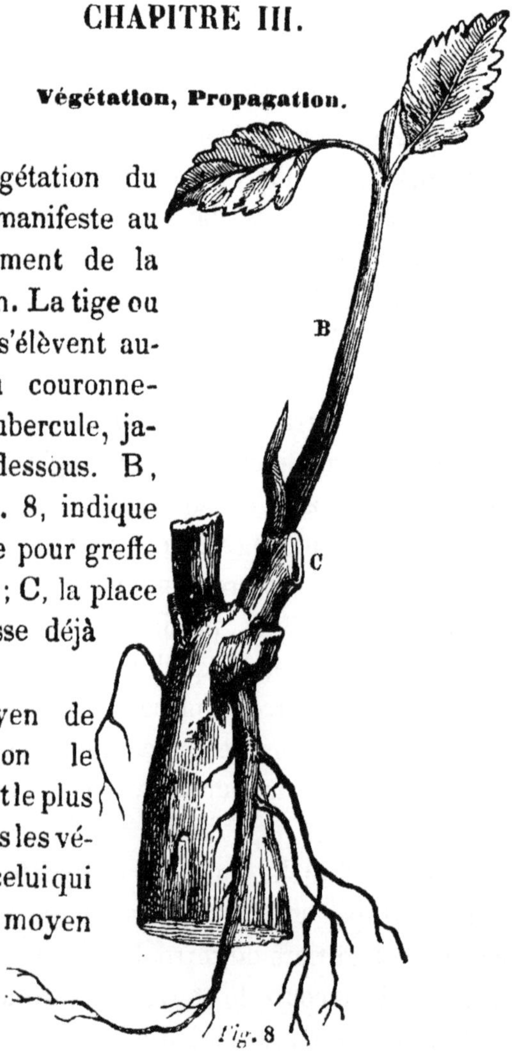

Fig. 8

Pour notre dahlia, ces moyens sont : 1° la SÉPA-
RATION par tranches des tubercules, ou plus exactement des racines tubériformes ; 2° les GREFFES ;
3° les BOUTURES sur tubercule pour conserver et
propager les variétés anciennes ; 4° les SEMENCES
pour en obtenir de nouvelles.

Ces divers moyens de propagation ne peuvent
réussir parfaitement qu'à l'aide de soins assidus et
intelligents. L'essentiel est de garantir les jeunes
plants de tout accident jusqu'au moment où on les
placera en pleine terre. Cette éducation devra être
encore plus soignée lorsqu'on se trouvera dans la
nécessité de forcer leur végétation avant la saison
qui doit naturellement mettre la séve en activité.
C'est alors qu'il faut avoir recours aux serres chaudes , aux couches sourdes , aux châssis et aux
cloches.

SECTION I. — *Séparation des tubercules.*

Premier moyen de multiplication.

L'amateur qui se contente d'une belle collection,
le cultivateur qui n'a point à répondre à de nombreuses demandes, peuvent fort bien attendre, pour
opérer la séparation des tubercules, qui doit leur
procurer de nouveaux sujets, que les racines aient
commencé à développer de nouveaux bourgeons
dans le lieu où ils les avaient déposées l'année précédente. Si cependant on désirait en jouir un peu

plus tôt, on placerait, vers la mi-mars, ces racines dans du terreau, à une exposition du midi, dans un lieu abrité par une muraille, en prenant soin de les garantir, au moyen de paillassons, de l'inconstance de la température du moment, c'est-à-dire des gelées de la nuit, des grandes ardeurs du soleil, ou des pluies froides et abondantes.

Cette manière toute naturelle permet aux nouvelles tiges d'acquérir une grande force ; la plante qui se trouve dans ces conditions aura très probablement une floraison beaucoup plus avantageuse que celles dont le développement est amené, dans la même année, par des moyens artificiels et forcés.

Voici en quoi consistent ces moyens forcés, qui, ainsi que nous l'avons fait pressentir, ne paraissent convenir qu'à des cultivateurs commerçants qui, opérant sur une grande échelle, cherchent plutôt à obtenir un grand nombre de boutures que des plantes hâtives. En effet, après avoir épuisé les tubercules qui produisent ces boutures, on n'a plus rien à en espérer.

Vers le mois de février ou au commencement de mars, et même plus tôt, on place ces tubercules sous un châssis vitré, et sur une couche de feuilles sèches ou de fumier, sur laquelle on répand une certaine quantité de terreau ou d'écorces décomposées (vieille tannée), ou bien du sable seulement, en ayant soin toutefois de ne pas recouvrir les yeux du collet de la racine. La fermentation de la couche produit une chaleur douce et modérée ; on y maintient une certaine humidité, on la provoque même au besoin en arrosant légèrement avec une eau qui ne soit pas froide. Si la vapeur devient grasse et trop épaisse, on donne un peu d'air pour la réduire et la rendre moins intense [1]. Cette chaleur douce fait développer favorablement et en peu de temps la plante, et les yeux se montrent bientôt. Si la chaleur était trop violente, elle ferait pourrir les tubercules.

Si encore on veut avoir plus de facilité lorsqu'il s'agira d'amputer les pousses destinées à faire des boutures, on place les tubercules dans des pots, et on les tient toujours en serre au moins tempérée, près des châssis autant que possible, pour que ces jeunes plantes puissent jouir de la lumière, ce qui contribue beaucoup à rendre les pousses fortes et bien portantes. Il n'y a rien de bon à espérer de celles qui se présentent longues et faibles. Les jeunes tiges une fois développées sur la racine, soit naturellement, soit artificiellement, on opère la séparation, et on procède à l'établissement des boutures, suivant l'époque convenable ou la destination.

On divise les racines en conservant à chacun des

______

(1) Il faut avoir soin de donner de l'air et d'ombrager a propos au moment du soleil, car on pourrait perdre toutes ses plantes par l'effet d'une chaleur excessive qui ne pourrait être supportée par les jeunes pousses.

morceaux, *tubercule entier ou portion de tuber-*
cule, un ou deux germes reproducteurs (fig. 9, *aa*).

Figure 9.

L'opération terminée, on les place en pleine terre
si la saison le permet, ou bien sous la garantie d'un
châssis, d'une cloche ou d'un abri quelconque, par
mesure de précaution; on peut aussi les mettre
dans un pot pour les gouverner convenablement
jusqu'au moment où leur placement sera définitif.

Il faut observer que les expéditions en tubercules sont aujourd'hui moins usitées qu'autrefois. Les
amateurs, il est vrai, pourraient jouir plus tôt de la
plante; mais les demandes se sont tellement mul-

tipliées, que le cultivateur, pour y satisfaire, a dû recourir à de nouveaux moyens. Le pied de dahlia le plus fort ne peut se diviser qu'avec précaution ; qu'arriverait-il donc si le cultivateur ne possédait qu'un seul pied d'une belle variété très recherchée ? Il lui serait impossible d'en retirer, par la séparation, assez de sujets pour satisfaire tous les amateurs, et que deviendrait le commerce de cette belle plante ? Mais le cultivateur prévoyant aura pu, au temps de la floraison, remarquer et apprécier les plantes et les fleurs qui devaient obtenir le plus de succès et amener un plus grand nombre de demandes ; il aura donc pu bouturer à l'avance pour y répondre, de sorte qu'au printemps il se trouvera en possession d'un grand nombre d'auxiliaires de sa plante-mère.

Il commencera, s'il a beaucoup à fournir, à préparer ses boutures dès la fin d'octobre, mais il sera obligé de conserver avec beaucoup de soin les jeunes individus en serre chaude, pour leur faire passer l'hiver.

Section II. — *Greffe sur le tubercule.*

(Deuxième moyen de multiplication.)

Ce moyen de multiplication est d'un grand avantage dans la culture, car il conserve et fournit à volonté des sujets qui ne pourraient se reproduire au moyen des graines.

L'opération de la greffe, en général, consiste à enter sur un individu un bourgeon ou **jeune** scion qui s'identifie avec le sujet sur lequel on le greffe, pour s'y développer graduellement. La greffe ne peut donc réussir que lorsqu'elle a lieu entre des parties végétantes, entre des végétaux de la même espèce. La soudure des greffes, c'est-à-dire l'union entre les deux parties conjointes, s'opère au moyen du suc propre des végétaux, matière très fluide, que l'on nomme *cambium*.

La réussite de la greffe du dahlia dépend conséquemment du contact immédiat du rameau avec le tubercule greffé. Ce rameau ou cette pousse provient en premier lieu de la racine d'un sujet rare et distingué dont on a assez ordinairement provoqué le développement par des moyens artificiels ; car, bien que l'on puisse greffer le dahlia pendant toute la bonne saison, on le greffe aussi en hiver, en janvier, en février. Comme il faut alors maintenir les greffes à une chaleur de 12 à 18° centigrades, on a recours aux serres. Ces greffes ainsi hâtées n'ont d'intérêt que pour ceux qui ont besoin de beaucoup de pousses, au moyen desquelles ils peuvent fournir au commerce, en mars et en avril, une grande quantité de sujets.

En 1813, le baron de Tschudy publia un mémoire sur la greffe herbacée en général ; il fit ressortir l'utilité de ce procédé, déjà connu cependant au XVI° siècle, car J.-B. Perta, savant naturaliste napolitain, parle de cette greffe herbacée dans son ouvrage intitulée : *Villæ libri XII;* c'est une espèce de Maison rustique, publiée à Francfort en 1592, in-4°.

M. Blake, cultivateur anglais, fut le premier qui, en 1824, appliqua cette greffe au dahlia sur un tubercule commun. A cette époque, les dahlias doubles étaient encore fort rares ; il était donc important de chercher une méthode qui permît de les propager. M. Blake coupa sa greffe en coin d'un seul côté, ayant un bourgeon ou œil à son extrémité inférieure, qui reposait sur le bord du tubercule. Il partit des racines de ce bourgeon, et la tige sortit de l'œil réservé au sommet.

Il est donc de toute nécessité, dans la saison rigoureuse, de provoquer la germination de la plante pour se créer des greffes. On obtient des rameaux assez promptement en enterrant les tubercules que l'on destine à la multiplication dans une couche de terreau convenablement chauffée. Ces tubercules, portant une petite étiquette en plomb et numérotée, se font aisément reconnaître. On suit avec attention la progression de leurs rejetons ; aussitôt que l'on a obtenu des pousses munies de deux paires de feuilles, le bout terminal étant encore fermé, on procède à l'opération de la greffe, ainsi que nous allons l'expliquer.

D'un autre côté, on aura mis en réserve des tubercules quelconques, mais de préférence ceux à

col très mince (fig. 10) ; et quelques autres plus
gros, pour le cas où la greffe se présenterait un peu
forte (fig. 11).

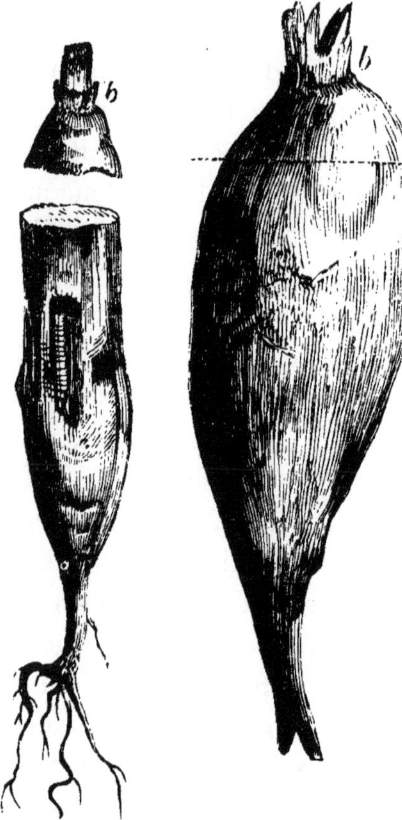

Figure 10.   Figure 11.

Tout étant ainsi disposé, on opère de diverses manières, mais en se conformant toujours à certaines données inévitables qui consistent : 1° à amputer la partie supérieure du tubercule *bb*, parce qu'il pourrait s'y trouver des germes qui, en se développant, contrarieraient les vues du cultivateur ; car il n'emploie ce tubercule quelconque que comme un moyen de se procurer promptement beaucoup de sujets qui répondent à ses désirs ; 2° à pratiquer une fente sur l'épiderme du tubercule dans le sens vertical ; 3° à y introduire une jeune pousse détachée de la plante-mère.

Pour faire l'amputation et la fente, on se sert
d'instruments très tranchants, tels qu'un greffoir ordinaire (fig. 12) ; une petite lame plus commode

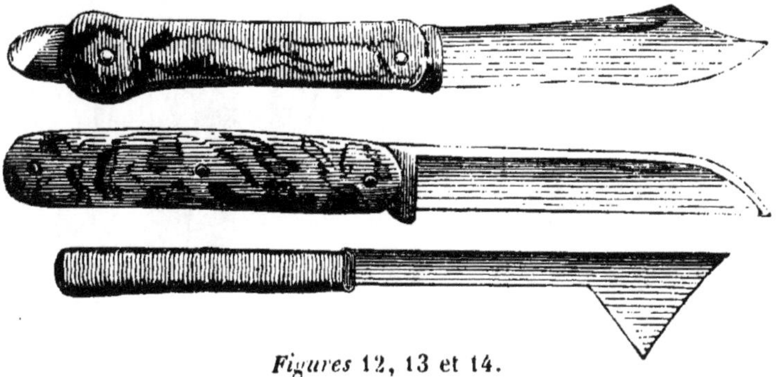

Figures 12, 13 et 14.

pour couper les boutures ou boutons (fig. 13) ; une
lame acérée, au bout de laquelle s'adapte un
manche (fig. 14). Pour s'en servir, on pose la
touffe de tubercules sur une table, on présente
la pointe de l'outil dans l'angle formé par le tubercule que l'on veut détacher et le collet auquel
sont attachés tous les tubercules, de manière que le
tranchant regarde le collet ; on détache de celui-ci
la partie munie d'yeux du tubercule que l'on veut
séparer de la touffe. On est sûr alors de n'avoir aucun tubercule borgne, ce qu'on n'obtient pas aussi
facilement avec une serpette. L'inventeur de cet
instrument est M. Chardon fils, jardinier.

La fig. 15 offre un exemple de la manière de
fendre le tubercule : *d* est le morceau qui en a été
extrait. Le rameau (fig. 16) a été préalablement am-

puté sur un tubercule destiné à en fournir beaucoup

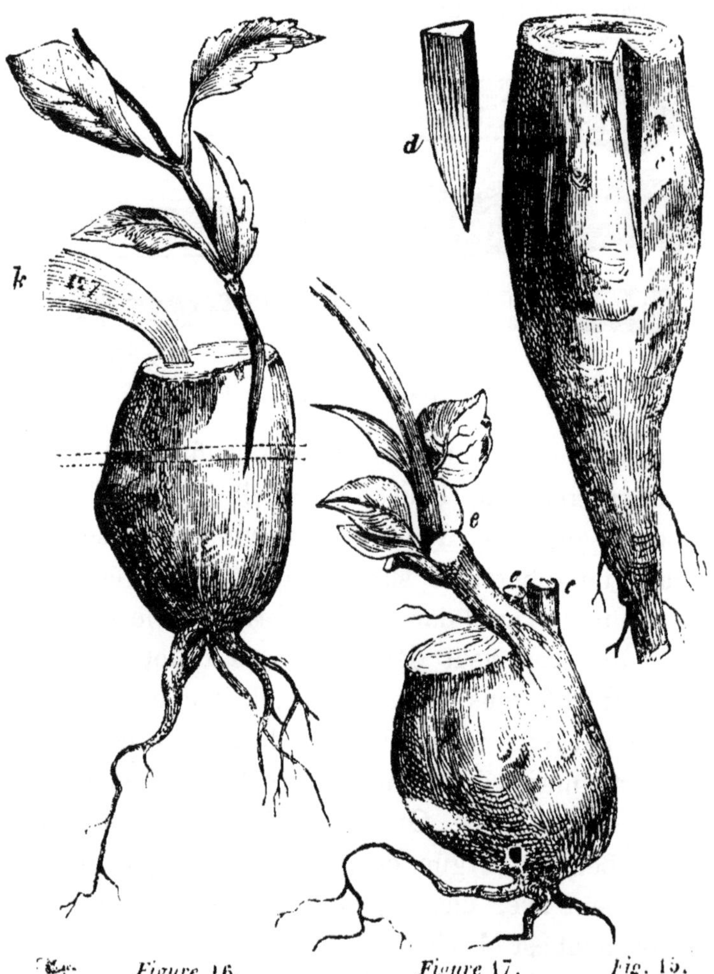

Figure 16.			Figure 17.			Fig. 15.

d'autres. On voit sur le tubercule (fig. 17) la place
où trois amputations *eee* ont été faites successivement. La tige amputée, il reste encore une pousse

et deux germes qui donneront de nouvelles pousses, et ainsi à l'infini, pour ainsi dire.

Cette fente, soit simple, soit plus artistement combinée, selon le désir de l'horticulteur, étant effec-
tuée, on y introduit le rameau (fig. 16). On peut assujettir les parties conjointes avec une ligature, qui
aura sur la laine l'avantage de pouvoir céder à
l'extension du rameau. Beaucoup de cultivateurs
ne font point usage de cette ligature. Aucune
des greffes de MM. Soutif, Roblin, Chauvière
n'en a besoin ; et, suivant l'observation judicieuse
de ce dernier, la compression de la terre autour du tubercule suffit pour maintenir les deux
parties dans une parfaite adhérence ; la ligature ne
lui paraîtrait nécessaire que dans le cas où la
fente verticale trop prolongée, et sans proportion
avec la greffe, ne la comprimerait pas complète-
ment.

Cette opération terminée, on enterre le tubercule
ainsi greffé dans une couche de terre riche ; on recouvre l'entaille à la hauteur de $0^m,03$ environ. La
greffe portera une petite étiquette en plomb *k*
(fig. 16), ayant le même numéro que la plante-mère,
afin d'éviter toute confusion, et on prendra immédiatement note de ces numéros pour les retrouver
en temps et lieu.

Ce soin de numéroter les jeunes sujets n'est point
inutile ; car le numéro, dans tous les catalogues, se
trouvant toujours accolé au nom de la plante, on

peut connaitre, dès le moment de l'inscription, ce
qu'on possède ; on peut livrer et recevoir la plante
en toute confiance. Cette opération n'est point aussi
embarrassante qu'on pourrait le croire; il ne s'agit que
d'avoir sous la main neuf poinçons *f* (fig. 18) portant

le relief des chiffres (le 6
sert pour le 9), plus une
petite quantité de pla-
ques de plomb très minces
g et un petit marteau
h : le tout réuni comme
nous l'indiquons dans la

Figure 18.

figure ci-jointe. La boîte elle-même sert d'enclume,
car c'est un tronçon de bois évidé *j*.

Quant aux jeunes pousses, il ne suffit pas toujours de les amputer et de les insérer de suite dans
le tubercule; elles exigent quelques préparations
plus ou moins délicates. Cette opération de la greffe
peut se pratiquer de différentes manières, suivant
le but que l'on se propose, comme nous l'indiquerons plus bas. Pour ne rien laisser à désirer sur cette
importante question, nous allons entrer dans quelques détails.

On sait que chaque feuille porte son œil. Le rameau amputé comportera quatre yeux. Les deux
yeux de la base étant inclus dans le tubercule fourniront les racines; les deux yeux supérieurs déter-
mineront sa tige. Observons que, si on laisse
0^m.06 ou même moins sur la tige au-dessous des

yeux, cette tige pourra bien prendre racine, mais elle sera susceptible de ne pouvoir être très bien conservée. Les racines sortant du milieu de la branche ne produiront pas d'yeux. On voit quelquefois des greffes qui n'ont qu'un œil ; il est très facile de les perdre.

Un moyen plus sûr d'affranchir la plante est de pratiquer la greffe dont nous donnons un exemple dans notre fig. 19 ; mais elle ne peut

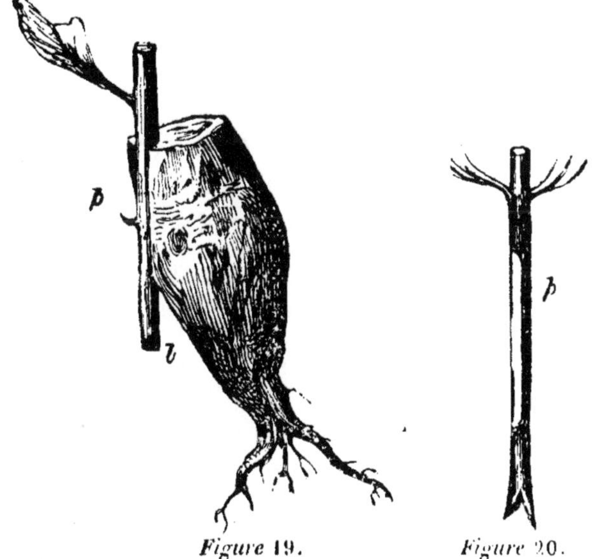

Figure 19.   Figure 20.

s'employer que pour un dahlia précieux, dont on désire hâter la reprise avec toute la certitude possible. Cette greffe est incontestablement plus assurée que la bouture. Voici la manière d'opérer. On fait une incision dans toute la longueur du tubercule, comme nous l'avons déjà indiqué. On taille un rameau (fig. **20** et **23**); ce rameau doit être d'une longueur suffisante pour dépasser de $0^m,02$ à $0^m,05$ le tubercule *l*, sur lequel on l'adaptera au moyen d'une ligature. Une fois cette greffe soudée et nourrie par le tubercule, lequel radifie très facilement, il s'y forme dans l'année des tubercules nouveaux (*m*, fig. **21**). L'année suivante, on retranche sans inconvénient le vieux tubercule qui a servi à nourrir la greffe, *n*; mais il n'est pas certain que ces tubercules soient susceptibles de pousser des yeux l'année suivante; M. Chauvière est d'avis qu'ils ne portent pas les éléments des *gemmes*.

Figure 21.

Il est toujours prudent de conserver un œil (*p*, fig. 19, 20 et 22) dans la longueur du rameau incisé : c'est un fait généralement adopté pour toutes les greffes. En effet, la partie supérieure de ce rameau peut pourrir; en prenant la précaution de réserver un œil dans la longueur, on peut remédier à cet accident; car cet œil suffit quelquefois pour conserver la plante; toutefois, il faudra avoir soin d'élever le tubercule, afin de pouvoir exposer l'œil à la lumière.

La fig. 22 représente le tubercule greffé vu de face ; la fig. 23, le rameau incisé vu de face ; la fig. 20, le même rameau vu de profil.

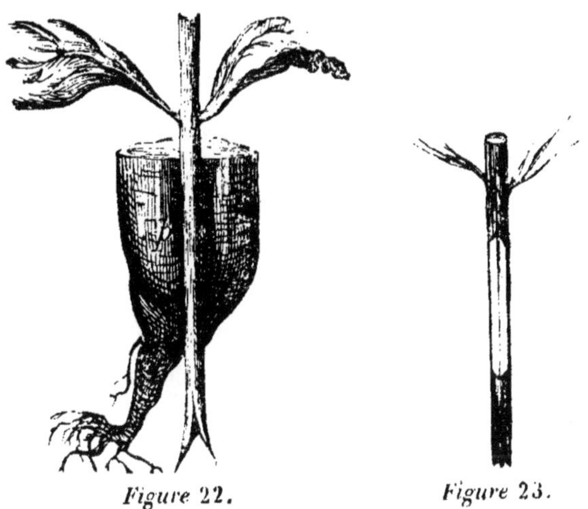

Figure 22.   Figure 23.

Voici un fait qui fera connaître une des premières expériences relatives à la greffe du dahlia.

Quatre ans après l'expérience de M. Blake, en 1828, M. David, jardinier du roi à l'orangerie de Saint-Cloud, opéra de la manière suivante. Il éclata un bourgeon sans talon sur un dahlia ayant déjà atteint la hauteur de $0^m,48$; le bourgeon avait $0^m,22$ à $0^m,24$ de longueur, il portait quatre feuilles ; le sommet était fort peu développé. Après avoir coupé carrément le bas de ce bourgeon, il le tailla en sifflet dans sa partie non colorée, sur une longueur de $0^m,02$ environ. Il choisit de préférence un tuber-cule depuis longtemps exposé au soleil, à collet

mince et très-allongé. Ayant coupé horizontale-
ment le sommet de ce tubercule, il pratiqua en
longueur, à partir du sommet amputé, une incision
disposée de manière à recevoir ce bourgeon confor-
mément à sa taille en sifflet, la grosseur du rameau
se trouvant à peu près la même que celle du collet
du tubercule.

Ainsi disposé et ligaturé avec précaution, ce tubercule fut planté en pleine terre. L'expérience
n'avait pas encore fait connaître les inconvénients
de cette manière de procéder. Le tubercule y éprouva quelques malaises auxquels on remédia, et bientôt le rameau de la greffe s'étant allongé forma une
tige principale, et une autre plus faible s'éleva de
la greffe. A l'automne il en résulta une touffe moins
touffue que celle sur laquelle on avait pris le bourgeon. La floraison de la plante eut lieu quinze
jours après celle de la plante mère; les fleurs des
deux individus furent semblables et très-nombreu-
ses. Ses nouveaux tubercules se trouvèrent au nombre de trois; ils étaient allongés et gros comme le
petit doigt, ils adhéraient à la base du rameau de
la greffe; la soudure qui liait ce rameau au tubercule était aussi solide que celle d'un arbre greffé.
Cette racine jetée par terre avec violence n'éprouva
aucune rupture.

Tous les résultats de l'opération de la greffe se
trouvent ici parfaitement démontrés. Une observation très-importante se rattache à ce fait, tout an-

cien qu'il est : c'est que ce dahlia provenu de greffe sur tubercule s'est montré inférieur en taille et en volume à celui qui avait fourni le rameau bouturé, sans rien perdre des mérites de la floraison de la plante-mère. N'est-ce pas là l'indication d'un moyen assez naturel pour amoindrir à volonté les dahlias trop élevés ou trop touffus, et pour les réduire à des proportions plus convenables? Cette observation n'a pas échappé à nos horticulteurs. Ce moyen de réduction a été perfectionné. On réduit aujourd'hui à volonté au tiers ou à la moitié un dahlia d'une élévation exagérée, et l'on jouit également de toutes ses beautés dans une plus petite proportion. Voici comment on opère pour atteindre ce but.

Fig. 24.

On ampute un rameau, on coupe la base de cette greffe en bec de flûte (fig. 24). Des deux bourgeons qu'elle comportait il peut n'en rester qu'un seul, celui qui était opposé ayant été supprimé en façonnant le bec de flûte. On glisse cette greffe dans la fente pratiquée sur le tubercule; l'œil descendu entre son écorce produira des racines, et la tige de la greffe, alimentée dans le tubercule, se fortifiera. Ce tubercule officieux peut périr, mais il peut aussi devenir très-volumineux; dans ce cas, il s'opposera à ce que les racines naturelles et propres à la greffe puissent former promptement de nouveaux tubercules. Ces lenteurs, ces difficultés, ces entraves

réduiront évidemment les proportions de ce dahlia,
bien qu'il représente exactement la variété dont il
est originaire.

Un amateur très distingué nous conseille de
greffer de la manière suivante.

On prend un tubercule fort petit, bien formé en
cône, un peu court et très sain. Le sommet du tu-

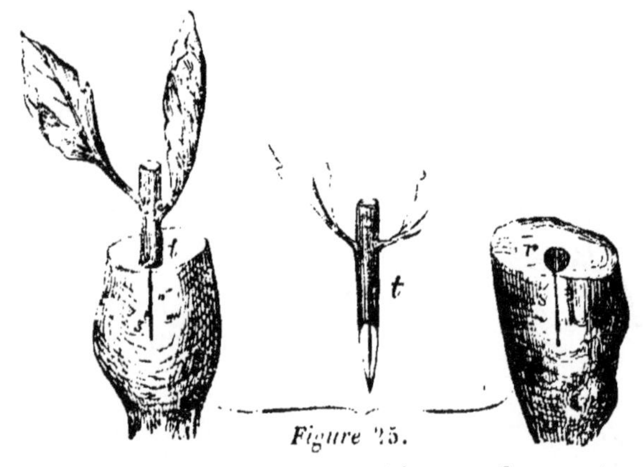

Figure 25.

bercule étant enlevé, on y fait une fente (fig. 25)
dont la profondeur et la longueur sont proportionnées à la taille opérée à la base de la greffe.
Ne pouvant lever la peau du tubercule comme on
lève l'écorce d'un arbre, et voulant néanmoins arriver au même résultat, on coupe de haut en bas, à
droite et à gauche, avec une lame très-fine à deux
tranchants, la chair adhérente s à l'épiderme sur les
bords de la fente longitudinale. Il résulte de cette
opération un vide dans le tubercule; il est resté cependant assez de chair pour figurer sur l'épiderme
la couche herbacée qui fait partie de l'écorce de

l'arbre. On glisse dans ce vide la greffe *t*, et elle se trouve si parfaitement insérée et emboîtée sous ces recouvrements solides, depuis le bas jusqu'à l'extrémité supérieure de l'incision, qu'il n'est pas besoin de ligature.

En définitive, l'opération de la greffe est une ressource admirable en mille occasions. Lorsqu'on veut voir fleurir très promptement un dahlia, ce qui convient fort au commerce journalier, on dispose une greffe sans boutons ni bourrelet, dont on éloigne autant que possible la base des deux yeux ou feuilles qui seront réservés dans sa partie supérieure. Cette base tout à fait nue de la greffe se trouve nourrie par le tubercule pendant toute la bonne saison ; mais, la révolution de la plante terminée, la tige meurt, et la racine n'étant pas adhérente est incapable d'en reproduire une autre.

Si, en septembre ou en octobre, on veut obtenir plus vite un nouvel exemplaire d'un dahlia très-distingué, on coupe un rameau sur l'individu à la variété duquel on attache une grande importance ; on le greffe de suite sur un tubercule, et on le garantit avec le plus grand soin de tout ce qui pourrait lui être préjudiciable à cette époque avancée de la saison. Pour hâter le développement trop lent des racines on pince la tige ; la séve, ainsi arrêtée dans son ascension, se trouve forcée de déployer son activité au profit des nouveaux tubercules, et la conquête de ce beau sujet est promptement assurée

Survient-il un malheur imprévu qui pourrait occasionner une perte sans compensation, une tige rompue. par exemple : on peut remédier à ce malheur en faisant une greffe plutôt qu'une bouture. On taille donc une greffe en coin, avec la précaution de laisser un ruban d'écorce et les deux yeux opposés de la base de la greffe ; on l'insère dans la fente pratiquée sur un tubercule. Ces deux yeux pousseront des racines tuberculeuses plus promptement que ne le ferait une bouture; le bourrelet de celle-ci ne les produirait que lentement, c'est-à-dire dans l'espace d'un mois ou six semaines, tandis que par l'opération de la greffe huit jours suffiront pour les obtenir.

Enfin, de quelque manière que l'on opère pour cette multiplication. il faut donner à la plante greffée tous les soins qu'exige son état de faiblesse. Passablement reprise, on pourra. au bout d'une dizaine de jours, l'exposer à un air libre, mais toujours avec circonspection.

Une précaution importante à prendre, lorsqu'on greffe sur un tubercule, c'est que l'extrémité inférieure de la greffe porte un œil dont puissent sortir de nouveaux tubercules; suivant l'opinion de M. Chauvière, il est absolument nécessaire que les tubercules de la nouvelle plante sortent d'un œil de l'espèce à propager. Sans cela, on espérerait en vain la reproduction de cette espèce pour l'année suivante.

Ainsi les greffes des fig. 19, 20, 21, 22 et 23 ne donneront pas de tubercules susceptibles de pousser des tiges. Cependant la variété ne sera pas perdue, car on pourra, aussitôt que l'individu aura donné des jets, le bouturer avec des rameaux portant des yeux à l'extrémité inférieure ; ces yeux ou *gemmes* formeront de nouveaux tubercules pleins de jeunesse et de vigueur, qui, s'ils ne fleurissent pas dans la saison, qui pourrait se trouver trop avancée, se conserveront très bien pour l'année suivante. Ces jeunes tubercules sont même le meilleur moyen de conserver les dahlias ; ils sont de beaucoup préférables à la séparation des gros pieds ; ce moyen pourrait être abandonné si on voulait se livrer à ce seul mode d'obtenir des tubercules.

SECTION III. — *Boutures.*

(Troisième moyen de multiplication.)

La culture emploie communément la bouture comme moyen du multiplication.

Une bouture est une partie tendre ou dure d'un végétal, que l'on détache de la plante en la coupant et en y réservant trois ou quatre yeux. Elle peut reproduire son espèce en l'étouffant sous une cloche, ou en la tenant à l'air libre, suivant le besoin et avec des soins convenables.

Pour le dahlia, on prend de préférence un bourgeon tendre. Le même rameau ou la même bouture pris sur une plante dans ces mêmes conditions peut être greffé, mais alors, pour opérer la greffe, il faut avoir recours à un sujet étranger, comme un tubercule ou tout autre sujet analogue ; c'est dans ce cas seulement que cette opération se nomme greffe, ainsi que nous l'avons dit plus haut.

Nous avons à examiner ici les boutures provenant immédiatement des tubercules et celles que l'on détache des tiges complétement formées. On

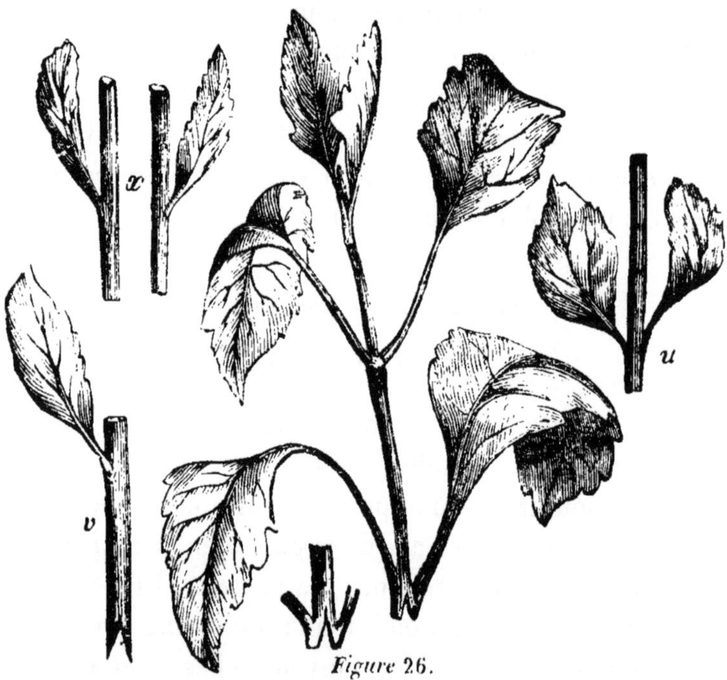

Figure 26.

les trouve représentées (fig. 26, 27 et 28) sous leurs diverses formes de coupe.

Un cultivateur habile peut employer utilement

jusqu'au moindre fragment d'un végétal et lui faire
reproduire un individu d'espèce semblable. Avec
un seul œil, ou avec deux, on reproduira un dahlia.

Voici comment on peut opérer pour former et façonner des boutures. Bouture avec deux yeux,
fig. 26, *u*. Bouture avec un seul œil, *v* ; en suppo-
sant que cette bouture comporte deux yeux, on la
fend dans sa longueur et l'on a ainsi deux boutures à un œil seul, *x*. Nous donnons encore ici,
comme exemple des plus simples opérations, les
figures des espèces de boutures façonnées sous nos
yeux par M. Chauvière.

La première (fig. 26) est un rameau avec toutes
les feuilles. La
tige est fendue
à son extrémité
inférieure pour
rendre la re-
prise plus facile.
Cette fente pré-
sente encore l'a-
vantage que plus tard elle facilitera la séparation de la touffe,
lorsque, parvenue à une certaine grosseur, on voudra la
multiplier ; à côté se voit le développement de la fente.

La seconde (fig. 27) représente un rameau sans feuille à

Figure 27.

la base. On peut également y pratiquer une fente ou s'en abstenir. En général, la fente et les feuilles à la base présentent plus de certitude pour la réussite. La séve se partageant dans chacune de ces parties divisées, quoique toujours adhérentes à la base du rameau, elles agissent chacune de leur côté et activent d'autant plus la végétation.

La troisième (fig. 28) représente un rameau avec une seule feuille à la base. Deux feuilles, si elles sont grosses, peuvent embarrasser pour l'empotage; on n'en laissera donc qu'une pour éviter ce désagrément.

Les jeunes pousses une fois bien établies, naturellement ou artificiellement, sur les tubercules plantes-

Figure 28.

mères, il s'agira de les utiliser en les transportant, sous le nom de boutures, sur des tubercules étrangers. Là, ces jeunes boutures produiront une infinité de pousses qu'en définitive on confiera à la terre.

Ces jeunes pousses parvenues à la hauteur de $0^m,06$ à $0^m,08$, ainsi que nous l'avons déjà dit, on les ampute vers leur base, au-dessus de la première articulation et de l'insertion sur le collet de la racine. Pour avoir une chance de succès de plus, on

les ampute avec une partie de la couronne. A-t-on
besoin de beaucoup de sujets d'une variété particulière : on fait la coupure précisément au-dessous
d'un nœud, en laissant un ou deux yeux à la base
du bourgeon; ces yeux produiront de nouveaux jets
qu'on enlèvera comme les premiers. On peut par ce
moyen, comme on le voit, multiplier à volonté une
variété recherchée. La figure 17 offre un tubercule
qui a subi plusieurs amputations successives. Il
faut remarquer que, suivant l'observation que nous
venons de faire page 57, les boutures u, v, x de la
fig. 26 et celle de la fig. 27 ne pourront donner de tubercules susceptibles de pousser des bourgeons : ils
resteront tubercules sans donner signe de vie.

En coupant les boutures immédiatement au-dessus de leur talon ou empâtement, il restera sur le
talon des *gemmes* ou yeux (ce que nous expliquerons
plus bas) qui, après l'amputation, se développeront
à leur tour dans l'espace d'une quinzaine de jours.
S'ils viennent plus tard que les premiers, ils ne
fleuriront pas moins vers la même époque. Ces nouvelles pousses peuvent encore en fournir d'autres
que l'on pourra gouverner de la même manière. Ce
genre de multiplication convient plutôt au commerce
qu'à un amateur, dont les besoins sont plus bornés.
Il faut aussi observer que les racines ainsi épuisées
ne peuvent plus promettre pour l'avenir quelque
chose de beau et de bon ; il faut les abandonner.

Aussitôt que les petites pousses sont amputées,

on doit les placer dans de tout petits godets remplis de sable blanc ou de terre de bruyère (fig. 29):
cette terre est d'abord comprimée avec le pouce:
on y pratique ensuite un petit trou de 0^{m},005
à 0^{m},006 de profondeur, pour y introduire librement et sans froissement la jeune bouture; puis,
pour l'affermir, on la comprime légèrement à sa
base. Pour ne point confondre les variétés, on a

Figure 30.   Figure 29.

soin d'attacher à la bouture même (fig. 29) une petite étiquette *y* lors de son amputation ; on la lui conserve, ou on la fixe dans la terre du petit godet.

Cette opération terminée, on place tous ces petits pots sous le châssis d'une bâche et sur une couche tiède recouverte de terreau, ou encore sous une cloche, sous ce même châssis. Cette cloche peut contenir plus d'une cinquantaine de pots. Toutefois, sur la couche ou sous la cloche, les collets des boutures devront toujours se trouver juste à la superficie de la terre. Quatre de ces boutures, si on n'en voulait qu'un petit nombre, pourraient également occuper un verre de moindre dimension (fig. 30).

Cette opération peut avoir lieu convenablement depuis mars jusqu'à la mi-mai, et pendant la saison rigoureuse, à mesure que les rameaux se présentent. Ces boutures prendront racine en dix-sept ou vingt jours, si elles ne sont pas trop fortes. Les plus grosses pourront exiger cinq ou six semaines. En les pinçant, on en retirerait plusieurs autres boutures.

Les frêles individus enfouis dans ces petits pots exigent des soins très assidus, jusqu'à ce qu'on soit assuré de leur reprise ; même après ce moment, des visites journalières et fréquentes, des arrosements légers et partiels sont indispensables. Il faut s'assurer si quelques pots sèchent plus vite que d'autres. Il faut entretenir une humidité convenable et jamais forcée, car alors cette grande humidité

lerait pourrir les boutures à leur collet et les empêcherait de prendre racine. Si les vitres ou les cloches se trouvaient chargées de trop de vapeur, il
faudrait les essuyer avec soin. Il ne faut pas moins
soigner la couche, se méfier de l'humidité locale, et
surtout des insectes ou de leurs larves, qui peuvent
nuire plus ou moins à toute la plantation. A la première apparence de ce danger, il est de toute nécessité de transférer les pots et les cloches sur un autre emplacement ; autrement tout serait perdu,
soins, peines et plantes.

Chez M. Chauvière, où la serre est chauffée par
un thermosiphon, les petits pots sont enfouis dans
une couche de sablon très fin qui les rend tous
adhérents. S'il est convenable de les préserver d'une
trop grande humidité, il faut également les garantir
contre les ardeurs du soleil, en étendant sur les
verres des toiles ou des paillassons.

Pour bien faire comprendre à nos lecteurs tout
le travail relatif aux boutures, nous allons placer
sous leurs yeux une espèce de tableau synoptique
des divers parties de cette opération.

Fig. 29. Bouture en petit pot. Grandeur naturelle.

   (*y*) Petite étiquette en plomb, portant l'inscription
de la plante ou son numéro. On peut la remplacer par
une petite étiquette en bois recouverte d'une couche
très légère de céruse, où l'on inscrit le nom au crayon.

Fig. 30. Cinq boutures réunies sous un verre, chacune
dans un pot.

Fig. 31. Cloche de verre qui peut couvrir une cinquantaine de boutures, chacune dans un petit pot, tous enfouis dans une couche de sablon.

Fig. 32.   *Fig.* 33.

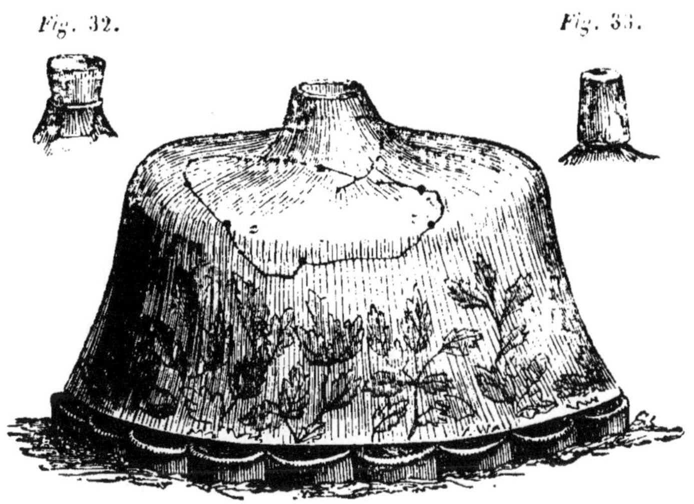

Figure 31.

Si cette cloche est ouverte à son extrémité supérieure, on la ferme à volonté avec un petit pot
en terre ; dans la fig. 32, il est inclus dans l'orifice
de la cloche ; sur la fig. 33, le petit pot couvre et
entoure cet orifice.

La plante ainsi étouffée devient plus forte et
prend plus vite racine.

Souvent la chaleur provoque des cassures sur
les cloches ; on rejoint les morceaux en collant un
morceau de verre avec du blanc de céruse, z, z.

Si, après une vingtaine de jours employés à ce
travail minutieux, les sommités des jeunes boutures

paraissent se développer, on peut croire qu'elles ont projeté des racines. Pour s'en assurer, on retire avec adresse les petits pots qui marquent davantage, et avec plus de légèreté et un redoublement de précaution on frappe légèrement ces petits pots sur le bord d'un corps solide. La motte de terre s'en détache, et si les conjectures que l'on a faites sont fondées, on aperçoit de petits filets blancs ou radicules adhérents à la base de la tige.

La plante exige en ce moment une nouvelle attention. Il faut, sans trop ébranler cette motte, qui est comme son premier berceau, la placer dans un pot de plus grande dimension, rempli de terre analogue et convenable. Toutes les boutures ainsi rempotées sont placées de nouveau sous des châssis; on les prive d'air pendant deux ou trois jours. Après cet espace de temps, on leur en procure peu à peu; lorsqu'elles sont habituées à ce nouveau régime et qu'elles ont acquis un certain développement, on en dispose à volonté, soit en les expédiant de suite, soit en les rempotant de nouveau jusqu'à ce que la saison permette de les placer dans le lieu qu'elles doivent occuper définitivement. Toutefois, pendant ces délais, il ne faut pas négliger de les garantir, soit d'un soleil trop ardent, soit de quelque nuit un peu intempestivement froide, car elles pourraient encore s'étioler, sécher ou succomber sous de légères gelées.

L'amateur impatient et curieux de ce mode de

culture en petits pots pourra faire usage de godets de verre façonnés comme les pots ordinaires. Leur transparence dévoilera les progrès de la végétation de la jeune plante par l'apparition de ses petites racines. Alors, plus de ces tâtonnements qui pourraient préjudicier au sujet jusqu'au moment décisif du rempotage. Ces verres à boutures ont été présentés à la Société d'Horticulture par M. Buhler, architecte de jardins, rue de Grenelle-Saint-Germain, n. 169, à Paris.

Voilà l'horticulteur assez riche en sujets nouveaux au commencement de la belle saison ; cependant il peut encore augmenter ses richesses au milieu de cette même saison, c'est-à-dire vers le mois d'août. Ce supplément lui sera des plus avantageux pour l'année suivante, car il ne pourra en obtenir de fleuraison qu'à cette époque éloignée.

I. — Boutures de jeunes branches.

Il s'agit, pour ce genre de boutures, de choisir de jeunes pousses, dont le bois soit peu creux et pas trop fort. On les coupe au-dessous d'un nœud, à la distance de $0^m,005$ ou $0^m,006$. Mieux encore ; on tâche de les détacher d'une maîtresse branche avec leur talon, muni des rudiments d'un œil ou bouton. Ces boutures doivent être soumises au même régime que les boutures obtenues au printemps ; elles exigent à peu de chose près les mêmes attentions. Elles pourraient, à la rigueur, se passer de chaleur artificielle, si la saison était favorable.

Arrêtons-nous ici un moment..... Il est difficile, pour des personnes qui n'ont aucune connaissance de ce qu'on appelle la physiologie des plantes, de concevoir comment on peut obtenir d'une jeune branche incessamment séparée de sa tige, et de l'œil ou bourgeon qui s'y trouve adhérent, des racines susceptibles de soutenir son existence ; car, si cette racine ne lui vient point en aide, infailliblement elle se desséchera ; si, au contraire, cette racine surgit, cette bouture deviendra à son tour plante-mère. C'est ce fait curieux que nous allons démontrer, uniquement dans l'intention de satisfaire ceux qui veulent connaître la marche de la nature dans ses prévisions, dans ses principes les moins apparents et pourtant les plus admirables. Nous dirons d'abord que le développement des bourgeons, en général, joue un grand rôle dans le système de la physiologie végétale. Les bourgeons peuvent être considérés comme un des plus intéressants phénomènes de la végétation. D'habiles et savants physiologistes ont admis à ce sujet diverses opinions plus ingénieuses les unes que les autres, et sur lesquelles cependant on n'est pas d'accord ; car il ne s'agit de rien moins, en thèse générale, que de décider *par quel mécanisme l'accroissement des tiges a lieu*. Or, beaucoup de nos savants prétendent que les bourgeons sont les agents de ce mécanisme. Pour ce qui concerne le dahlia, nous

Voyons dans l'exposition de la théorie de M. Dupetit-Thouars, qui soutient cette doctrine, que les
bourgeons sont les premiers phénomènes de la végétation ; que toutes les parties qui doivent se développer à l'extérieur sont d'abord renfermées dans
des bourgeons, proprement dits *gemmes*. En général, il en existe un à l'aisselle de toutes les feuilles,
plus rarement deux ou plusieurs, comme sur l'abri-
cotier commun. Lorsqu'ils commencent à paraître
ils portent le nom d'*yeux*, et celui de *boutons* ou
bourgeons lorsqu'ils se dilatent pour donner passage
aux organes qu'ils protégeaient. Ces bourgeons
donnent donc naissance à des scions ou jeunes
branches, et souvent à des fleurs.

M. Dupetit-Thouars compare ces bourgeons à
autant d'embryons, qu'il appelle *embryons fixes*,
dont l'évolution doit, comme celle de l'embryon
contenu dans une graine, donner naissance à un
individu pourvu d'une tige, d'une racine et d'appen-
dices latéraux. Le même physiologiste admet l'existence de bourgeons *latents* ou *adventifs*, c'est-à-
dire de bourgeons, espèces de points non visibles,
susceptibles de former des bourgeons qui se développeront de la même manière que ceux qui sont
apparents, mais dans des circonstances particu-
lières.

D'après ce simple exposé, on ne peut pas plus
douter de la faculté reproductive de l'œil ou du bourgeon du dahlia que de celle de toute autre plante. Il

est évident que la plante est déjà complète dans son intérieur, moins la racine; les rudiments de cet organe y existent pourtant. Ne peut-on pas croire que ce sont ces fibres, que l'on signale comme devant servir à l'accroissement en largeur de la tige, qui, ne pouvant plus remplir cette fonction après en avoir été séparées, se changent en racines aussitôt que l'amputation a modifié leur organisation extensive!... Quoi qu'il en soit, le fait a lieu, et il est impossible de douter que le bourgeon se transforme en tige, avec racine... Les gemmes sont donc devenus, dans leur développement, absolument semblables aux embryons des graines ou semences... Revenons maintenant à notre opération des boutures.

Il faut, lorsqu'on sépare la bouture de la tige qui la fournit, veiller à ce que les yeux réservés se trouvent très près de la base, afin que les radicules qui doivent en sortir puissent immédiatement s'implanter dans la terre; on la place dans un petit pot rempli d'une terre convenable, et on l'y affermit suffisamment. Si on laisse indifféremment la bouture exposée à l'influence d'un air libre ou d'un soleil trop ardent, elle semble bien prospérer pendant quelque temps, mais bientôt elle succombe; car la séve, suivant son impulsion naturelle, se porte avec vivacité vers les extrémités supérieures, et ne fournit plus à la racine la nourriture dont elle a besoin.

En suivant le premier traitement, une fois les ra-

cines obtenues, il faut rendre peu à peu de l'air à la
plante, mais toujours avec précaution. Cet air, cette
chaleur naturelle rétabliront l'équilibre dans toute
l'organisation de cette jeune plante qui, alors déjà
bien formée, ne demandera plus qu'à se développer sans aucune contrainte. Si le développement
des racines était trop tardif, on pourrait l'activer
par les moyens connus en culture. Il faudrait néanmoins bien combiner les degrés de chaleur avec
l'humidité nécessaire. Si on ne donne pas assez
d'eau, la plante languit; si on en donne trop, elle se
décompose. Le mieux serait de bassiner peu et souvent si le temps était sec, et point du tout si on s'a-
percevait que les vapeurs de la couche sont suffi-
santes pour entretenir l'humidité convenable.

II. — Expédition des jeunes plantes.

Ce grand nombre de boutures hâtées s'expédient
quelquefois fort loin, et ces expéditions éprouvent
souvent des inconvénients qu'il est bon de signaler.
Ce sont des retards involontaires de la part des ex-
péditionnaires, des séjours forcés en route, un emballage qui peut fermenter et se déranger, et par
suite occasionner des avaries plus ou moins graves.
Parvenues à leur destination, ces jeunes plantes ont
encore à redouter le peu de soins dont elles sont
l'objet; car il suffirait souvent, pour réparer les
dommages du transport, de mettre les plus maltrai-
tées sur couche, sous cloche ou sous châssis. De tou-

tes les circonstances que nous avons énumérées
résultent des mécomptes et des pertes qu'il s'agit
d'éviter.

On conviendra, pour justifier d'abord le cultivateur, que, malgré toute son activité et tout son talent, il ne peut maîtriser une saison défavorable. Si
le soleil est rare, bien que la température soit assez
douce, il chauffera ses serres, et beaucoup de boutures fondront sans prendre racine; si le temps
est constamment et rigoureusement froid et qu'il
chauffe sans air, ses plantes s'étioleront. Son travail
devient languissant, c'est un retard obligé pour ses
expéditions; et, ce qui est encore plus contra-
riant, ses boutures peuvent, en grande partie, rester très faibles. Si l'horticulteur expédiait dans de
semblables circonstances, on pourrait avec justice
douter de sa bonne foi.

Les expéditions s'effectuent cependant, mais
voici d'autres inconvénients ; elles s'adressent
quelquefois à des amateurs insouciants et trop
confiants, ou à des jardiniers indolents, qui ag-
gravent les malheureuses circonstances de route
en plaçant à l'air libre et en plein soleil, au sortir de l'emballage, ces frêles créatures, qui, souvent
envoyées de fort loin, privées d'air et de lumière,
ont peut-être encore séjourné en route. Il est certain
que la plus robuste plante devra résister difficilement à ce passage subit de la détresse à l'aisance.

Il est donc de nécessité absolue de mettre à l'ombre ces jeunes plantes aussitôt qu'elles sont déballées. S'il tarde à l'acquéreur de les mettre en place, si toutefois elles se sont bien conservées pendant le voyage, il faut encore qu'il ait la précaution de les couvrir avec un pot pour empêcher le soleil de les fatiguer. Le soir il enlèvera ce pot; si le temps était pluvieux ou ombrageux, il ne le remettrait pas, et ainsi jusqu'à ce que la plante ne fléchisse plus.

Il peut encore arriver pis dans cette occurrence. Une bouture grêle, celle-ci reprenant plus tôt que les autres, une bouture forte, mais très fraîchement reprise, peuvent arriver à leur destination dans un état de délabrement désolant ; c'est alors qu'il faut leur donner les plus grands soins. Il faut les placer dans une serre douce, ou, à défaut, mettre leurs pots en pleine terre, à une bonne exposition et sous cloche ombragée. Si le désordre était trop grand, il faudrait rempoter.

On conçoit qu'à leur arrivée toutes ces boutures doivent être arrosées, et qu'il faut leur donner de l'air graduellement à mesure qu'elles se rétablissent.

SECTION IV. — *Semences.*

I. — Considérations générales.

Le choix des semences du dahlia exige un examen particulier. La floraison des semis présente souvent des mécomptes qu'il est nécessaire de pré-

venir autant que possible. Ici l'art et l'industrie doivent avoir recours à la science.

On ne saurait se dissimuler que nos voisins ont
obtenu avant nous des succès brillants dans cette
partie de la culture, succès que nous pouvons très
bien balancer, si, comme eux, nous ajoutons la
science la plus élémentaire du botaniste à l'art de
l'horticulture, que nous possédons si bien. Il ne
s'agit que de bien étudier l'organisation de notre
plante.

Le dahlia, espèce comprise dans la classe des
radiées, produit de nombreuses variétés que l'on
obtient par les semis de graines. Les semis de
dahlias simples ont donné des fleurs doubles et des
fleurs pleines; mais il s'est écoulé plus de trente
ans avant qu'on ait obtenu le dahlia véritablement
beau, le seul qui aujourd'hui puisse séduire les amateurs et plaire aux connaisseurs.

Si donc on veut produire quelque chose de rare,
de distingué, il ne faut pas prendre ses graines au
hasard; il faut commencer par en obtenir de bonnes
par une culture des plus soignées, et en dirigeant
la fécondation avec intelligence.

Le dahlia se compose de fleurons qui recèlent
des organes mâles et femelles, protégés par un ou
deux pétales ou ligules sous forme de languettes
roulées en cornets, enveloppe ordinaire des pistils
et des étamines. Quelquefois le fleuron est nu,
c'est-à-dire comportant les organes sexuels sans

ligules ou pétales. Ces différentes conformations méritent une attention particulière. (Voir fig. 3 à 7, page **21**.)

Les fleurs du dahlia, étant simples, semi-doubles, pleines, doivent évidemment s'organiser avec des différences. La fleur simple est composée de fleurons sans ligules ou pétales, depuis son centre jusqu'au dernier rang qui forme la circonférence de la fleur. Les fleurons mâles et femelles sans ligules donnent rarement des fleurs pleines ou semi-doubles. L'amateur appelle *simple* la fleur dont le tiers ou la moitié des fleurons n'est pas formé de ligules ou pétales. Une fleur plus ou moins double se compose d'un nombre plus ou moins considérable de fleurons, c'est-à-dire d'un tiers ou des trois quarts, avec ligules. On appelle fleur pleine celle qui est toute remplie de fleurons ligulés réunis sur le *placenta* ou involucre, et non pas dans un calice particulier; c'est une écaille plus ou moins allongée qui leur en tient lieu. Cette écaille leur est quelquefois nuisible, lorsque sur un sujet trop vigoureux elle comprime fortement le fleuron.

C'est ainsi que les fleurs simples, doubles ou pleines comportent des fleurons avec ou sans ligules, à étamines seulement, les unes fécondes, les autres stériles, soit des fleurs avec des fleurons à ligules et à pistils, les uns féconds, les autres stériles. On récolte communément assez de graines sur ces fleurons. On a remarqué aussi des fleurs mêlées avec ou sans ligules, des fleurons mâles et femelles, les uns féconds, les autres stériles, réunis dans les mêmes fleurs et sur le même placenta ; ce qui pourrait faire croire à des fleurs hermaphrodites ou portant les deux sexes, si toutefois ce n'est un effet particulier, une exception.

Cependant le dahlia est inscrit dans la *diœcie* de Linnée, où un seul individu porte uniquement des fleurs mâles, et un autre de même espèce uniquement des fleurs femelles, comme le palmier-dattier, le chanvre. Il appartient encore à la *monœcie*, où sur le même individu se trouvent séparément des fleurs mâles et des fleurs femelles, comme le melon, le concombre.

Quelle que soit cette disposition naturelle du dahlia, il n'est pas moins certain qu'une semence produite par un fleuron mâle et un fleuron femelle dénué de ligules ne peut donner que rarement des fleurs pleines ou semi-doubles, toujours composées des organes qui manquent aux individus procréateurs.

Il y a beaucoup plus à espérer d'une fleur semi-double, puisqu'elle comprend au moins pour moitié des fleurons à pétales ; il peut s'y trouver deux fleurons, l'un mâle, l'autre femelle. De ce hasard il est sans doute résulté des fleurs pleines, ce qui motive le long espace de temps écoulé pour opérer enfin ces croisements si heureux en résultats.

On a cru obtenir, et pour toujours, de ces fleurs

pleines, d'autres fleurs semblables : point du tout;
il en est aussi résulté des fleurs simples, par la raison que quelques fleurons mâles ou femelles sans
ligules se rencontrent comme cachés sous les fleurons ligulés, qui sont beaucoup plus nombreux. Les
sexes des premiers se trouvant à nu se fécondent
bien plus facilement que les autres, qui sont enve-
loppés dans leurs pétales. De ce fait résultent beaucoup de mécomptes dans les semis des fleurs doubles. Ces fleurons non ligulés, lorsqu'ils se présentent en nombre plus ou moins grand dans les rangs
de fleurons à pétales, ou lorsqu'ils occupent le centre de la fleur, forment un creux : on dit alors que la
fleur est *creuse*, et ce n'est pas un avantage pour elle.

On voit donc que les graines peuvent produire
des fleurs simples ou semi-doubles, suivant qu'elles
ont été fécondées. Le moyen le plus avantageux est
de récolter sa graine sur de belles fleurs pleines, et
au-dessous des trois ou quatre premiers rangs à partir
du centre de la fleur, car c'est dans ces premiers rangs
que se trouvent communément des fleurons nus qui
ne promettent rien de beau. Il faut encore observer
que, la plante étant en pleine séve en août et en juillet, ses fleurs sont plus belles, plus pleines de fleurons,
et conséquemment moins pourvues de fleurons nus ;
que plus tard , au contraire , la plante affaiblie
donne des fleurs moindres, mais aussi plus nombreuses, qui sont remplies d'une grande quantité de
fleurons nus. Ces graines , en général, promettent

beaucoup moins que celles des fleurs premières ; néanmoins on peut encore tirer parti de ces dernières fleurs. Si elles en méritent la peine, on les cueille avec leurs pédoncules et on les place dans des vases pleins d'eau ; si les graines sont presque mûres, on les met sur une tablette abritée, où elles achèvent de mûrir. Il faut toutefois avoir soin de supprimer les pétales, en les coupant avec des ciseaux.

L'aptitude du dahlia à recevoir la fécondation de ceux qui l'avoisinent est très grande. Ceci est prouvé par le nombre des différentes couleurs que produit chacun des semis comportant des graines récoltées sur diverses variétés remarquées : c'est un inconvénient inévitable.

Les Anglais, horticulteurs soigneux, savent très bien se rendre maîtres de la fécondation pour se procurer de belles variétés. La nature, qui opère en grand, s'en réfère aux vents, aux oiseaux, aux insectes, dans bien des cas, pour disséminer avec profusion ses graines et les féconder. Son but se trouve presque toujours atteint ; mais nos horticulteurs aspirent à des résultats plus positifs, moins éventuels.

M. Paxton nous indique comment se pratique en Angleterre la fécondation artificielle du dahlia ; c'est une imitation, en quelque sorte, de celle que les Arabes pratiquent sur le palmier-dattier ; elle consiste à placer un rameau de fleurs à étamines sur un arbre qui ne porte que des pistils.

« Si l'on veut se procurer de bonnes semences, nous dit cet intelligent cultivateur, je conseille de planter isolément quelques individus de variétés choisies, de ne conserver que vingt ou trente fleurs pour obtenir la semence, et de ne prendre encore que les plus belles et les mieux formées de la touffe. Aussitôt que le disque commencera à paraître, on les couvrira d'une mousseline ou d'une gaze, pour empêcher toute fécondation naturelle provenant de quelques variétés inférieures ou moins distinguées. A mesure que les fleurs s'ouvriront, on y introduira le *pollen* de variétés de couleurs opposées en secouant une fleur sur l'autre. Cette opération aura lieu autant de temps que les fleurs en mettent à s'épanouir, ayant toujours soin de tenir les fleurs bien couvertes. » Il ajoute encore « qu'en recueillant la graine il faudra rejeter le cercle extérieur de semence, qui généralement ne donne que des fleurs simples, ainsi que les graines du centre, souvent mal formées. »

On conçoit que le grand mérite de cette fécondation artificielle consiste à ne jamais transporter la poussière émise sur les pistils qu'autant que les deux fleurons mâle et femelle à féconder l'un par l'autre sont tous deux munis de ligules, soit en languettes, soit en cornets, soit en oreillettes. Il est donc nécessaire de savoir distinguer les fleurons mâles des fleurons femelles ligulés ou non ligulés.

La bonté ou la beauté des graines à obtenir dépend beaucoup de l'intelligence du cultivateur, qui doit se procurer avant tout des porte-graines convenables. On sait que, dans un grand nombre de plantes, les pétales sont des étamines transformées par l'activité et la vigueur de la séve de la plante : telles la marguerite et beaucoup d'autres fleurs. Il était donc possible, en maîtrisant la séve sur un dahlia, d'en obtenir plus de nourriture pour les graines. On doit choisir pour porte-graines de belles plantes bien constituées. On les gouverne de manière à ce qu'elles ne puissent fleurir que sur la principale tige, ayant de plus le soin de supprimer au fur et à mesure les rameaux trop gourmands. Cette séve ainsi contrariée se porte avec abondance vers les fleurs ; les graines acquièrent une constitution vigoureuse. On ne peut espérer et attendre de la bonté de leurs germes que des fleurs pleines et parfaitement belles. De telles monstruosités aux yeux de la science ne manqueront pas de nombreux admirateurs, même parmi les botanistes les plus passionnés pour la simple nature.

II. — Des semis.

(Quatrième moyen de multiplication.)

Nous avons vu que les *boutures* et les *greffes* peuvent multiplier autant qu'on le désire les espèces de dahlia recherchées par le commerce ou par les amateurs ; pour se procurer de nouvelles variétés, il faut avoir recours aux *semis*.

Nous supposons que, dans le dessein de se trouver en possession de semences variées et bien constituées, on a eu la précaution de les récolter sur des porte-graines bien gouvernés, sur des plantes parfaites, c'est-à-dire sur des plantes pas trop élevées, au feuillage léger et d'une belle couleur, et dont la floraison a été assez précoce, portant des fleurs pleines, au moins doubles, d'un gros volume. supportées par un fort et long pédoncule, dont les couleurs sont pures, les pétales courts, arrondis et bien imbriqués, ayant enfin conservé longtemps leur fraîcheur sur la tige.

Les graines de ces plantes de choix auront été récoltées à mesure de leur maturité et placées de suite en un lieu sec; celles qui mûrissent à la fin de la saison auront été retirées immédiatement de leur enveloppe; cette enveloppe, encore verte et imbibée d'eau, les ferait pourrir. Toutes ces graines auront été bien enveloppées, et c'est dans cet état de conservation parfaite qu'on les retrouvera à l'époque des semis de l'année suivante, et même bien au delà.

Les graines de dahlia conservent les qualités germinatives pendant deux ou trois ans, et plus. M. Lelieur a éprouvé qu'après six ans il n'y faut plus compter. Il redresse à cette occasion une erreur partagée par beaucoup de jardiniers, qui prétendent qu'une graine fraîchement récoltée ne produit que des fleurs simples. Il a semé pendant six années consécutives des graines d'une même récolte, et il a obtenu des fleurs doubles aussi belles la **première** année que la sixième.

On sème les graines du dahlia depuis le milieu de février jusqu'en mars ; on les repique en avril, et on les met en place au mois de mai ; elles fleurissent et fructifient souvent dès la première année. Les semis ne présentent pas toujours cet avantage. On sème dans une terre bien meuble, soit en pleine terre, à l'exposition du midi et à l'abri d'une muraille, soit dans des terrines que l'on place sur couche et sous châssis. Le grain, peu recouvert, sera légèrement bassiné ; cette fraîcheur sera entretenue jusqu'à ce qu'il lève ; les plants exposés en plein air seront abrités par des paillassons pendant la nuit.

Les semis tardifs pourraient ne produire qu'un plant faible à l'époque où il conviendrait de le mettre en place, et même il pourrait ne pas fleurir dans l'année. Ce serait une jouissance reculée ; on aurait l'embarras d'une quantité de plantes que l'on ne connaît pas et qu'il faudrait cependant conserver ; au retour de la bonne saison, elles devront être convenablement espacées, au risque de voir son terrain, ses soins, son temps perdus, s'il arrivait qu'elles ne fussent pas dignes d'attirer l'attention.

On lève le plant au mois de mai pour le repiquer en pleine terre. On choisit pour faire ce travail un temps humide et sombre. Un temps sec serait moins favorable, malgré les arrosements obligés. Déjà très fatigué par l'effet de la transplantation, le jeune plant voudra encore être garanti des rayons brûlants que le soleil du printemps laisse souvent échapper subitement et avec force de nuages passagers. Ces précautions paraîtront peut-être bien minutieuses; car, réellement, le plant du dahlia n'est pas aussi délicat qu'on pourrait le croire; mais il s'agit ici pour nous d'obtenir la plus belle plante possible.

On place tous ces jeunes individus sur des plates-bandes, en ligne double, à une distance de $0^m,25$ à $0^m,35$ au plus, à volonté. Chaque pied sera espacé sur la ligne de $0^m,45$ à $0^m,50$; l'intervalle des plates-bandes sera au moins d'un mètre.

Cet écartement des lignes et des espaces, lors du repiquage, a besoin d'être expliqué. Si les tiges étaient trop resserrées, trop rapprochées les unes des autres, elles pourraient s'étioler ou filer. L'air ne conservant pas assez d'élasticité autour d'elles, elles ne pourraient atteindre tout leur développement en hauteur. Cette façon de repiquage ne peut se fonder que sur un calcul d'économie de terrain, qui compte sur les éclaircies qui deviendront indispensables. Mais alors le mal sera fait, la plante se sera développée dans des conditions défavorables, et celle que l'on supprimera aura nui à celles qui méritent d'être conservées. Il vaut donc mieux espacer les sujets convenablement, perdre quelques centimètres de terre, et rendre à l'air ambiant toute son in-

fluence. On sera sûr d'obtenir des sujets forts, vigoureux, qui se seront développés librement, au milieu
des impressions atmosphériques les plus favorables.

Pour obtenir et déterminer une tige principale,
on pincera les ramifications qui sortent du bas et
qui s'élèvent à $0^m,20$ ou $0^m,25$ au-dessus de la terre.
On évite ainsi une confusion de rameaux qui pourrait nuire à la floraison en privant cette tige de l'air
qui lui est nécessaire. Si la floraison en septembre
était trop tardive, on ne laisserait plus qu'une seule
tige sur la touffe, et on ne laisserait s'épanouir qu'un
ou deux boutons qui suffiraient pour faire connaître
l'individu.

Le jeune plant ayant atteint une certaine élévation, il sera nécessaire de le soutenir sur des gau-
lettes.

On ménagera surtout les arrosements ; point de
luxe de végétation : le but unique est de reconnaître le mérite des fleurs et de faire un choix ou une
réforme.

Les dahlias qui fleurissent les premiers sont
presque toujours simples; le développement de leur
fleur est plus facile que celui des fleurs doubles;
celles-ci sont plus tardives, parce que l'épanouissement de leurs boutons beaucoup plus composés
exige plus de temps. On n'hésitera pas à supprimer
toute plante simple ou semi-double qui serait mal
faite, dont les couleurs seraient fausses. On coupera
cette plante entre deux terres, pour ne point ébranler

les plantes qui l'avoisinent et dont les racines pourraient être entrelacées avec celles de l'individu
rejeté.

On doit marquer avec soin les plantes distinguées dans l'ordre de leur floraison, et tenir une note
descriptive de leur apparence. S'il reste quelques
plantes non fleuries, on les conservera ; peut-être
l'année suivante seront-elles plus estimées. La
perfection dans une fleur de première année ne se
confirme pas toujours l'année suivante. L'espérance
du cultivateur est souvent trompée ; on ne peut ad-
mettre une fleur dans une collection qu'après la floraison de la seconde année. Tout cultivateur qui li-
vrerait ses dahlias de première année sans men-
tionner la date de leur naissance compromettrait
fort son honneur.

Cette seconde plantation se fera comme la première, mais plus largement, ce qui facilitera le moyen
de porter sur elle un jugement définitif. La réforme
alors portera sur les individus tardifs, sur ceux qui
fleurissent dans le feuillage, qui ont les fleurs cour-
tes et de peu de durée ; la forme et la couleur auront
déjà été appréciées l'année précédente.

Les tubercules provenant des semis demandent
pour l'hiver, à cause de leur délicatesse, à être con-
servés dans une tranchée recouverte de terre et de
feuilles ; autrement ils risqueraient de se dessécher
avant le temps de la plantation ; car ils sont remplis
de beaucoup plus d'eau de végétation que les an-

ciens, et cette eau est très susceptible de s'évaporer au grand air. Enfin, lorsqu'on replantera de nouveau ces tubercules, on ne laissera sur la touffe qu'une seule tige, en pinçant en terre les germes qui voudraient rivaliser. C'est un dernier soin dû à la jeunesse de la plante.

Quelques personnes pourraient peut-être s'imaginer que, pour conserver une plante venue de graine, qui promet d'être d'une beauté remarquable, il serait plus convenable de la mettre en pot pour achever sa floraison en serre ; elles se tromperaient fort dans leurs prévisions. On pourrait tout au plus recourir à cet expédient si, une plante ne fleurissant que dans l'arrière-saison, on voulait avoir une idée plus exacte de son vrai caractère. Dans ces deux cas, le dommage que pourraient encourir les plantes par le fait seul de la transplantation serait capable d'altérer tellement leurs fleurs que ce serait peut-être une précaution inutile.

D'autres personnes prétendent connaître à l'avance les couleurs des fleurs que porteront les jeunes tiges par la tige elle-même. Cette connaissance paraît très problématique. Sur quelles données repose-t-elle? Selon ces personnes, les tiges entièrement vertes produisent des fleurs blanches; les tiges blanchâtres ou roussâtres donnent des fleurs rosées ou jaune clair; les tiges brunes ou pourpres produisent des fleurs de couleur sombre, etc. Rien de moins certain que ces divinations.

CHAPITRE IV.

Dispositions à prendre pour la plantation.

I. — Exposition favorable.

Lorsqu'on veut effectuer une plantation de dahlias, il est certaines dispositions qui deviennent nécessaires pour éviter les mécomptes, les incertitudes et la confusion qui surgissent presque toujours au moment de placer les racines ou les jeunes plants. Avant de procéder à cette opération, il faut bien s'assurer que le terrain destiné à recevoir les plantes est en rapport avec l'exposition. Deux choses sont donc ici à considérer : 1° l'exposition la plus convenable à la plante, celle qui peut le mieux contribuer à son parfait développement; 2° l'effet que produira la plante dans la situation où on l'aura placée.

En procédant par analyse, nous disons : le dahlia végétait ordinairement dans une plaine découverte; plaçons-le donc dans un lieu espacé, dans une exposition ouverte et sur une terre bien aérée. L'expérience et le bon sens nous disent que c'est une nécessité; car, si l'on veut que la plante s'élève à une grande perfection, il faut qu'elle soit soumise toujours et pendant longtemps à l'influence immédiate et bienfaisante de l'air ambiant et du soleil.

En un mot, son exposition la plus favorable serait celle qui la présenterait successivement vers le levant, le midi et le couchant. Peu importe qu'elle soit abritée du côté du nord. Ceci n'est pas cependant sans exception, attendu qu'il n'est pas toujours possible de leur procurer ce très grand avantage. Par prudence on est même forcé d'y renoncer dans certaines localités, comme dans le midi de la France, où le dahlia ne peut supporter que l'exposition de l'est, celle d'un soleil trop brûlant lui étant très nuisible.

Dans quelque situation que se trouve cette plante, il faut lui éviter l'ombre projetée par des arbres trop rapprochés, ainsi que les égouttures de leurs branches et de leurs feuilles. Généralement le dahlia redoute le voisinage de toute plante, même celui de ses congénères, à une très petite distance.

Jamais, sans doute, il ne viendra à l'idée de personne de placer des dahlias dans un lieu étouffé, mais on pourrait, sans autrement y réfléchir ou faute de pouvoir mieux faire, les planter dans un terrain creux ou dans la partie basse d'un jardin. On aurait grand tort, car ces dahlias pourraient ne pas réussir, ils y éprouveraient une humidité beaucoup trop grande, qui ne serait peut-être pas compensée par une sécheresse constante, qui ne s'obtient pas à volonté. Cette humidité persévérante peut encore devenir très préjudiciable aux racines

tubériformes du dahlia ; car, aux approches de
l'automne, elles se trouveraient tellement imbibées
d'eau qu'il serait difficile de les sécher pour les conserver pendant l'hiver. Cette humidité continuelle
pourrait être la cause d'une grande déception pour
l'amateur qui comptait sur une floraison brillante,
et qui n'obtiendrait en définitive que de belles masses de verdure et quelques rares et chétives fleurs.

II. — Règles de goût.

La situation du dahlia, pour produire un effet
agréable, est une affaire purement de goût. Quand
on n'a pas l'intention, en le cultivant, d'obtenir des
sujets rares et de la dernière perfection, tels que les
désire un amateur qui en fait ses délices, qui peut
y consacrer tous ses soins, et surtout subvenir aux
grands frais que nécessite une culture de premier
ordre, il faut ne viser qu'à l'effet.

Par exemple, on peut obtenir de très beaux effets
en réunissant beaucoup de dahlias pour en former
un massif qui figurerait une petite forêt toute fleurie
Le contraste des couleurs, leur variété, leur éclat
formeraient un ensemble ravissant et tout à fait
pittoresque.

On peut encore employer le dahlia comme fleur
de milieu dans les plates-bandes des grands parterres. On peut, en les distribuant en groupes, rompre la monotonie que produit l'uniformité des piè-
ces de gazon. On peut en orner une allée de jardin,

en former une avenue très agréable aux approches d'une habitation.

Les dahlias peuvent aussi très bien figurer dans les jardins paysagistes, sur quelques lisières bien exposées, ou dans quelques clairières pas trop resserrées, entremêlés avec des arbrisseaux, à certaine distance cependant. Partout ils produiront un effet d'autant plus agréable que, lors de leur floraison, vers la fin de l'été, les arbrisseaux qui les avoisinent ayant perdu leurs fleurs variées, on ne rencontre plus que des couleurs jaunes, bleuâtres ou gris de lin, sur lesquelles celles des dahlias, extrêmement vives, trancheront admirablement bien.

Par cette même raison, on peut, dans cette même saison d'automne, les réunir dans les serres. Placés avec goût sur des gradins, au milieu d'arbrisseaux élégants qui, à cette époque de l'année, n'offrent plus qu'une belle verdure, ils en feront le plus gracieux ornement.

Si enfin on veut se faire honneur d'une belle et riche plantation de dahlias, si on veut y montrer un certain luxe, produire une espèce de féerie, mériter les suffrages flatteurs des dames, dont le goût est si délicat, si exquis, on dirigera cette plantation sur une grande échelle.

Pour cela on dresse une allée bien découverte, assez spacieuse, onduleuse sur son plan, sinueuse dans son prolongement, sur les deux côtés de laquelle on élève des talus formant amphithéâtre. Au moment de la floraison, qui se renouvelle et se prolonge plus qu'aucune autre, chacun se récriera sur une telle magnificence !... Quel éblouissant spectacle, en effet, que ces innombrables fleurs, rivalisant de fraîcheur, de beauté, et offrant à l'œil émerveillé toutes les variétés de formes, toutes les couleurs imaginables !

Quelles que soient les intentions de l'amateur et celles du cultivateur dans un but plus sérieux, il faut que tous deux se conforment à des dispositions matérielles indispensables et uniformes. Il sera nécessaire de bien calculer les distances, les écartements, suivant le résultat auquel on voudra arriver, soit qu'il s'agisse de produire un effet d'ensemble, soit qu'on veuille seulement cultiver certains dahlias de prix.

Il est évident que l'amateur, qui préfère les fleurs dont le mérite individuel peut les placer avec avantage au-dessus de fleurs rivales, prendra de plus grandes précautions dans l'arrangement de son parterre. Il en sera de même pour les plantes qu'on destine aux concours : on devra les placer de manière à ce quon puisse les soigner et les examiner commodément.

Les dahlias seront placés à $0^m,70$ ou 1 mètre de distance pour que leur tête puisse s'épanouir en toute liberté. Le bon sens veut que ceux qui doivent beaucoup s'élever soient placés derrière ceux qui n'at-

teindront pas la même hauteur. Le bon goût veut
aussi qu'on ait égard aux nuances des fleurs, à leurs
couleurs. Leurs contrastes ne peuvent produire que
de beaux effets, des effets pittoresques. Elles peuvent trancher entre elles sans nuire à l'harmonie :
rien n'est piquant comme de voir du blanc à côté du
brun, du jaune à côté du ponceau, etc. C'est à l'art
ensuite à assortir les formes et les grandeurs des
fleurs. Quelle grâce aurait une fleur de 0^m,05 de
diamètre, quoique pleine et belle en tous points, à
côté d'une autre dont le diamètre serait de 0^m,10 ou
0^m,12 ? Tout ceci bien prévu, bien exécuté, il ne
restera plus qu'à entretenir autour de ces massifs,
de ces plates-bandes, de ces allées, des bordures
d'un beau vert, et au pied des plantes une propreté
parfaite.

Si les cultivateurs plantent sur une seule ligne,
les dahlias les plus élevés devront occuper le milieu
de la longueur de la ligne; les autres se dirigeront
vers les deux extrémités suivant leur hauteur res-
pective : cet arrangement produira un très bon effet.
Cette manière de planter est convenable à des dahlias distingués. Là se trouve toute facilité pour les
soigner et les examiner en tous sens et tout à loisir.

Lorsqu'on plante sur deux lignes parallèles tra-
cées sur une même planche, on doit observer entre
chaque pied un écartement de 1^m,35, et laisser entre les lignes une distance de 0^m,70 à 1 mètre, en
manière de quinconce.

On peut également planter sur trois lignes, en réglant la distribution sur la hauteur, de sorte qu'aucun des dahlias ne puisse nuire à ses voisins.

On a vu des plantations sur cinq rangs ou lignes. Il faut alors que les espaces soient grands pour procurer aux amateurs la facilité d'admirer les belles fleurs de ces plantes et au cultivateur celle de les soigner. Si elles étaient plus rapprochées, elles formeraient un buisson qui n'obtiendrait qu'un seul coup d'œil bienveillant.

Les fleurs destinées aux concours exigent des soins encore plus scrupuleux, car il faut qu'on puisse les examiner sous tous les points de vue. L'air doit circuler avec aisance autour de ces plantes de choix. Il est important que les pieds des visiteurs ne foulent point leurs racines, qu'elles puissent recevoir sans dommage les arrosements et les labours du cultivateur. Il doit donc se trouver entre les lignes des allées une largeur de $0^m,70$ à 1 mètre, afin d'opérer ses mouvements sans danger pour elles.

La saison suivante, on pourra placer les dahlias sur ces mêmes allées. Elles deviendront à leur tour plates-bandes, toutefois après les avoir relevées. Ce changement évitera les inconvénients qui peuvent résulter d'une plantation faite toujours dans la même terre. On sait que le dahlia épuise considérablement le sol.

On plante enfin des dahlias contre des murs en forme d'espalier. Cela peut produire un fort bel effet lors de la floraison; ce sera une riche tapisserie, mais voilà tout ; car la plante asservie perd toute sa grâce ; elle est bien autrement admirable lorsqu'elle croît en toute liberté.

CHAPITRE V.

Tuteurs.

Le dahlia est une plante herbacée, naturellement faible et dénuée de tout moyen de résistance lorsqu'elle aura acquis une certaine élévation. Elle réclamera alors l'appui d'un tuteur pour la protéger contre la furie des vents et contre les lourdes averses des pluies d'orage : il est sage de prévoir ce besoin. Quelques cultivateurs intéressés ou insouciants ne lui donnent un tuteur que lorsqu'elle s'élève à une hauteur assez considérable, et souvent après qu'elle a déjà éprouvé de grandes avaries. Ces cultivateurs ont grand tort, car il peut résulter de ce retard, indépendamment des dommages déjà éprouvés, un autre dommage non moins grave. En enfonçant tardivement le tuteur au hasard, sa pointe peut froisser, écraser, transpercer même les racines.

Il est donc prudent de le placer à l'avance au milieu de l'auget, ou au moins au moment où l'on y dépose la racine ; alors on pourra la mettre elle-même convenablement près du tuteur, sans crainte de nuire à aucune de ses parties.

Si, par un motif quelconque, pour éviter, par exemple, le coup d'œil peu gracieux qu'offre une longue rangée de piquets destinés à rester pendant un temps assez long dans un état complet de nudité, on voulait n'employer les tuteurs qu'à une époque où la plante a déjà pris quelque accroissement, on pourrait leur substituer des bouts de baguettes qui auraient l'avantage de préparer la voie aux tuteurs. On éviterait ainsi les inconvénients que nous signalions il y a un instant.

Ce tuteur, de $0^m,02$ à $0^m,03$ de diamètre s'il est en bois dur, ou plus mince s'il est en fer, devra être épointé à son extrémité, et enfoncé perpendiculairement dans la terre à la profondeur de $0^m,40$ à $0^m,50$, ou plus; il sera assez haut pour soutenir la plante presque jusqu'à son sommet supposé. Nous verrons plus bas comment il faudra l'y assujettir.

Des treillages de $1^m,30$ de haut remplacent parfois les tuteurs. On les établit sur des murs, ou le long de quelques allées. Cette position n'offre rien de favorable pour le dahlia; il s'y trouve placé dans un état de contrainte qui lui ôte sa grâce naturelle, la plate-bande fût-elle bien entourée de gazon frais ou de statice, et les allées fussent-elles bien râtissées, bien sablées. Les dahlias sont à la vérité plus à l'abri des coups de vent; on peut y déguiser la faiblesse des pédoncules en les assujettissant aux

treillis; mais, aujourd'hui que nos fleurs sont vigou-
reuses et bien pédonculées, nous abandonnons vo-
lontiers cette disposition si sévère et si peu élégante
à nos voisins d'outre-Manche, qui vous diront froi-
dement qu'ils ne voient que les fleurs.

Quelques cultivateurs placent trois tuteurs à chaque plante; leur intention est d'assurer chacune de
ses parties. Ainsi attaché, le dahlia se trouve encore dans une attitude fort peu gracieuse. Ne faut-il
pas déguiser ces supports? On aime à voir la plante
agréablement disposée, parfaitement couronnée par
ses fleurs nombreuses. Quel aspect offrira cet ensemble lourd et matériel? Ce pilotis pourrait tout
au plus convenir à une plante très vigoureuse, isolée
au milieu d'une pelouse ouverte à tous les vents, et
encore ne suffirait-il pas pour mettre les fleurs à
l'abri de leur impétuosité. Cette surabondance de tuteurs est le fait d'un goût particulier; il suffit, pour
atteindre le but, d'un simple pieu que l'on dérobe
facilement à la vue.

Au lieu de tuteurs, quelques personnes ont encore employé des chevilles pour fixer les jets ou les
rameaux des dahlias à une certaine distance au-
dessus de terre, de manière à former un plan à vue
d'oiseau. On plante ces dahlias à une distance calculée, en sorte que l'extrémité des branches d'un
sujet devra couvrir toute la tige de la plante voisine.
Il résultera de cette disposition une uniformité de
tiges de fleurs formant un massif peu élevé, qui ne

laissera pas de produire un effet assez pittoresque ;
mais il n'est pas prouvé que la fleur ne souffre pas
de cette contrainte. On cite comme ayant fait mer-
veille dans cette disposition le *globe pourpre*, le
springfield-rival. Cette fantaisie peut avoir son mérite comme ornement de jardin ; mais, selon nous,
de belles plates-bandes couvertes de dahlias bien
espacés, soutenus par des tuteurs invisibles, seront
toujours préférables à tous ces échafaudages, murs
ou treillages, dont le moindre inconvénient est de
borner l'espace, d'arrêter la vue et d'empêcher la
lumière de se refléter de tous les côtés sur ces jolies
fleurs.

CHAPITRE VI.

Manière de gouverner les dahlias en pleine terre.

Toutes les dispositions étant prises dans l'intérêt
du cultivateur ou suivant les intentions de l'amateur
ou du propriétaire, il ne s'agit plus que d'opérer la
plantation et de la gouverner jusqu'au moment où
il faudra récolter les graines et enlever les racines.

On place les dahlias en pleine terre au printemps,
dès que la saison paraît ne plus laisser craindre des
gelées tardives, dont l'atteinte est toujours funeste.
L'époque la plus convenable est la fin d'avril ou le
commencement de mai. Les plantes alors peuvent
très bien s'enraciner, et prendre des forces suffi-
santes pour braver les sécheresses ou les pluies qui

ne peuvent manquer de survenir; elles auront un temps plus long pour arriver au terme de leur floraison avant le mois d'octobre. Les plantations de juin et de juillet ont à craindre, lors de leur floraison, les gelées précoces, qui peuvent les endommager et même les détruire avant l'épanouissement de leurs premières fleurs.

Si, en mai, on a lieu de craindre encore quelque accident, il suffira, pour le prévenir, d'abriter les jeunes plantes sous un pot, sous un panier, ou sous tout autre abri.

Quelques amateurs, par surcroît de prudence, plantent provisoirement, à cette époque, leurs dahlias en pots, et ils les placent au pied d'une muraille à l'exposition du midi, les abritant suivant les variations de l'atmosphère. D'autres, pour se donner moins de peine, les mettent sous châssis à froid, pour ne les placer définitivement en pleine terre que dans le commencement de juin. Il est certain que l'on a vu, mais rarement, des gelées endommager les cultures à cette époque.

On prépare un auget de $0^m,40$ à $0^m,55$ de diamètre pour recevoir chaque pied de dahlia, ou le dahlia élevé en pot. Il faut enfoncer les racines à $0^m,14$ ou $0^m,16$ au-dessous de la superficie du sol. On recouvre la plante de terre, on remplit le reste de l'auget avec du terreau, et l'on finit par mettre de la paille au-dessus du bassin, pour que la terre ne puisse se dessécher au point de se fendre. On arrose légèrement pour assurer la terre autour de la racine. Les arrosements doivent être plus fréquents à mesure que la plante se développe, ou lorsque les chaleurs sont continuelles. Si le développement de la plante est trop considérable, si la plante paraît trop touffue, on ne laisse croître qu'une seule tige ou tout au plus deux, et on retranche les rameaux qui se trouvent près de la terre. Lorsque la plante est suffisamment élevée, on l'assujettit au tuteur provisoire ou au tuteur permanent avec un osier très menu ou tout autre lien, que l'on ne serre pas trop dans la crainte de gêner sa croissance, sauf à le resserrer plus tard si elle se trouvait trop agitée par le vent.

Si la plantation était en espalier sur un mur ou sur un treillage isolé, on dirigerait les rameaux à droite et à gauche, et on retrancherait comme inutiles ceux qui se trouveraient au bas de la plante, soit en avant, soit en arrière. La précaution d'attacher les tiges et les rameaux a pour but de les empêcher de devenir le jouet des vents, ou de s'éclater par leur propre poids, surtout après des averses un peu fortes. Les touffes isolées seront dirigées de manière à se présenter toujours avec grâce, suivant leur nature : c'est une affaire de goût. Jusqu'ici, il ne s'agit que de garantir la tige principale, de lui réserver une grande force de végétation par la suppression de quelques rameaux parasites.

Mais la plante s'élève beaucoup plus qu'on ne le

désirerait, ou elle devient par trop touffue; dans ces circonstances, il faut appeler l'art à son secours. *Tailler* et *ébourgeonner* devient une nécessité. Il est bien rare de rencontrer des sujets ou des variétés qui ne réclament ni incision ni suppression.

Un beau dahlia se présente; sa taille est gigantesque : elle atteint $1^m,35$; mais ses fleurs, d'un diamètre de $0^m,10$, ne sont point en proportion avec son élévation; elles sont parfaitement conformées, et cependant elles paraissent grêles. Faut-il, sans autre motif, se résigner à voir ce défaut d'harmonie entre les fleurs et la tige devenir un sujet de proscription pour une belle variété? Heureusement il n'en est point ainsi, et les travaux des horticulteurs ont su vaincre cette difficulté. Voici donc les moyens de rendre à la tige des proportions convenables à la fleur qu'elle doit porter. On enterre à $0^m,05$ au moins les deux yeux qui se trouvent près du collet de la plante. Ces deux yeux donnent bientôt deux drageons indépendants de la tige. Celle-ci étant parvenue à la hauteur de $0^m,16$ à $0^m,20$, on l'ampute; huit jours après, on ampute également l'un des deux drageons. Celui qui aura été réservé deviendra tige principale, mais cette tige ne s'élèvera pas à plus de $1^m,30$ par l'effet de cette opération. La séve aura éprouvé une altération sensible par l'absence des deux organes supprimés, et la plante, ainsi dirigée, se trouvera ramenée à une proportion convenable.

On obtient encore le même résultat en greffant un rameau de dahlia *géant* sur un tubercule. On peut, par cette opération, le réduire à moins de 1^m,30 de hauteur, parce que le tubercule greffé fait obstacle à la propagation tuberculeuse qui dépend des boutures.

L'*ébourgeonnement* est un autre moyen employé pour remédier à quelques inconvénients qui font tort à un grand nombre de plantes magnifiques, dont les fleurs sont tardives ou peu nombreuses, ou bien masquées à la vue par leur feuillage, ce qui constitue de graves défauts aux yeux d'un amateur sévère.

Un habile horticulteur les fait disparaître en dé-tachant adroitement, du haut vers le bas de la tige, les sous-bourgeons peu avancés, qui cèdent facile-ment à la moindre pression. Si on retarde cette opé-ration, on peut se voir obligé, pour l'effectuer, à l'emploi d'une lame tranchante, ce qui n'est pas sans conséquence, car il faut que la plante n'en pa-raisse point offensée et encore moins défigurée; il faut, pour l'honneur du cultivateur, qu'il n'en reste aucune trace.

Il résulte de cette opération que la séve ainsi mé-nagée se dirige plus particulièrement vers les ra-meaux réservés et vers les fleurs, et l'on peut alors raisonnablement espérer les voir nombreuses et parfaitement développées.

Certains dahlias fournissent des rameaux si

multipliés qu'ils ont l'apparence d'un gros buisson
On sait que, généralement, cette plante n'af-
fecte pas la forme pyramidale; mais la tournure
massive dont nous nous occupons contraste parfois fort désagréablement avec celle de quelques
autres plus sveltes et plus élancées, c'est-à-dire
mieux proportionnées. Une riche collection peut
se voir déparée par cette seule disposition ; il
faut donc y apporter de l'attention et y remédier.
Pour rendre à ces touffes l'élégance qui leur convient, on supprime les rameaux qui se présenten
mal, qui se trouvent trop rapprochés les uns des
autres, ou qui se croisent. Par cette suppression bien
calculée, bien exécutée, les rameaux seront réduits
à cinq ou six bien affilés, bien alternés, seulement
accompagnés de quelques sous-rameaux bien placés.

Cette opération a non-seulement pour résultat de
rendre à la plante toute la grâce dont elle est susceptible; elle offre de plus l'avantage de rétablir la
circulation de l'air, qui n'avait lieu que difficilement
à travers tout le feuillage inutile.

Avant d'opérer cette taille, il faut observer si le
sujet est très vigoureux; dans ce cas, il ne faut le
tailler qu'à la première floraison, pour éviter que la
séve, en se rejetant avec une trop grande abondance
dans la tige, ne la fasse élever démesurément. Si,
au contraire, la plante, faible de sa nature, paraît
disposée à devenir très touffue, il faut tailler les
pousses à certaine distance, à mesure qu'elles se

présentent. La séve se trouvera ainsi diminuée peu à peu, et la plante, n'offrant aucun vestige de cette taille, se présentera telle qu'on a pu la désirer.

CHAPITRE VII.

Arrosements.

L'arrosement est une partie essentielle de la culture du dahlia. En général, on doit arroser en raison du plus ou du moins d'activité de la végétation, de la sécheresse et surtout de la chaleur du temps. A cet égard, le cultivateur attentif ne peut pas commettre de faute ; car les plantes elles-mêmes font connaître leurs besoins. Il faut seulement suspendre les arrosements lorsque les fanes sont totalement amorties et que toute végétation a cessé. Il ne reste plus alors qu'à maintenir la terre dans un certain état de sécheresse jusqu'à l'époque où les racines seront enlevées.

Les arrosages sont subordonnés aux circonstances ; ainsi, par exemple, on arrose le dahlia lorsqu'on le met en place pour bien asseoir la terre ; lorsque, par un temps sec, on le voit fléchir. Hors ces cas, il ne faut pas en être trop prodigue, afin de ne pas donner lieu à la séve de s'emporter à un point tel que la tige s'élèverait à une hauteur considérable, ce qui lui ferait perdre tous ses avantages auprès des amateurs. ainsi que nous l'avons déjà dit.

Le dahlia, cependant, aime l'eau ; sa contexture indique sa force d'absorption ; il faut y pourvoir, mais avec discernement, après le coucher du soleil, au moyen d'une pluie factice et très fine ; car il s'agit seulement ici d'aider à la formation des boutons et des fleurs, et non pas d'activer par trop d'eau la végétation de la tige, qui doit avoir atteint sa hauteur naturelle.

Les racines nombreuses du dahlia dessèchent la terre ; c'est là que les arrosements sont nécessaires pour entretenir la fraîcheur sur leur bassin ; mais, lorsque les pluies surviendront, lorsque les chaleurs ne seront plus si vives, lorsque les jours plus courts rendront les nuits plus longues et plus fraîches, il faudra les supprimer ; il sera nécessaire alors de butter le pied des dahlias pour recouvrir les tubercules déchaussés par l'effet des arrosements et pour les préserver des gelées fortuites. Il ne faut pas oublier qu'une surabondance d'humidité nuit à la qualité et à la quantité des fleurs.

Par un temps très chaud, l'évaporation du sol est rapide ; pour conserver la fraîcheur au pied des racines et ne point avoir continuellement l'arrosoir à la main, on peut placer autour de la tige de la mousse, des ramilles d'arbres, de menues écorces. Il faut toutefois se méfier des insectes qui peuvent se réfugier dans ces broussailles et faire grand tort à la plante. On prétend que l'emploi de ces matériaux fait acquérir une grande vivacité aux couleurs des fleurs unies, et qu'il peut, au contraire, nuire aux fleurs rayées ou pointillées. En définitive, ce moyen ne peut être employé prudemment que lors d'une excessive sécheresse. Il vaut beaucoup mieux employer le fumier de vache nouveau, toujours frais et peu susceptible de servir de refuge aux insectes, ou encore, plus simplement, du terreau consommé.

CHAPITRE VIII.

Animaux nuisibles au dahlia.

Les animaux qui sont le plus à redouter pour les semis et pour les jeunes pousses du dahlia sont : les *loches*, les *limaçons*, les *limaces*, les *perce-oreilles*, les *vers blancs* ou *larves de hanneton*, et quelques autres beaucoup plus petits, mais non moins nuisibles à la plante.

Les limaçons et les loches exigent une surveillance active matin et soir, surtout par les temps humides. Ces insectes pâturent la nuit, et détruisent, avec les boutons de la plante, les légitimes espérances du cultivateur. Le limaçon se dénonce lui-même par sa trace empreinte d'une matière glutineuse brillante. On le trouve au repos au pied des tiges. Pour mieux le surprendre, on forme de distance en distance des petits amas de son dont il est assez friand ; ou bien on place quelques petites planchettes à l'exposition du nord : on est bien sûr de trouver les limaçons réunis sous cet abri, où ils évitent la grande chaleur du jour. On emploie aussi avec avantage de petits vases en terre ou en zinc. de 0ᵐ,25 à 0ᵐ,30 de diamètre, remplis d'eau; nos fi-

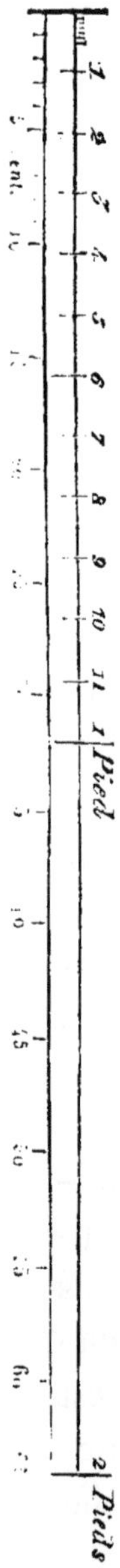

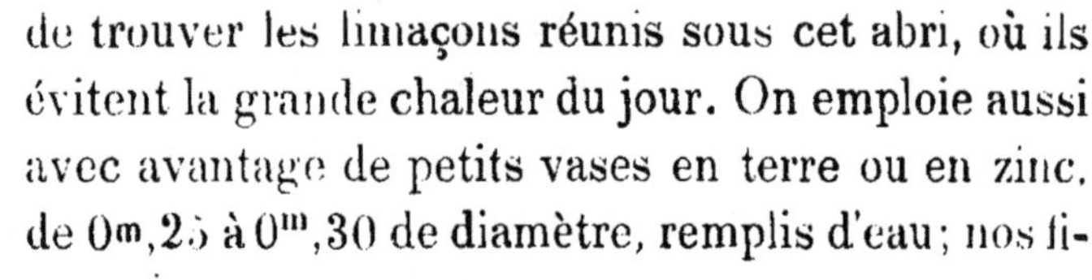

Figure 34.

gures 34, 35 et 36 en indiquent l'élévation perspective, le plan et la coupe.

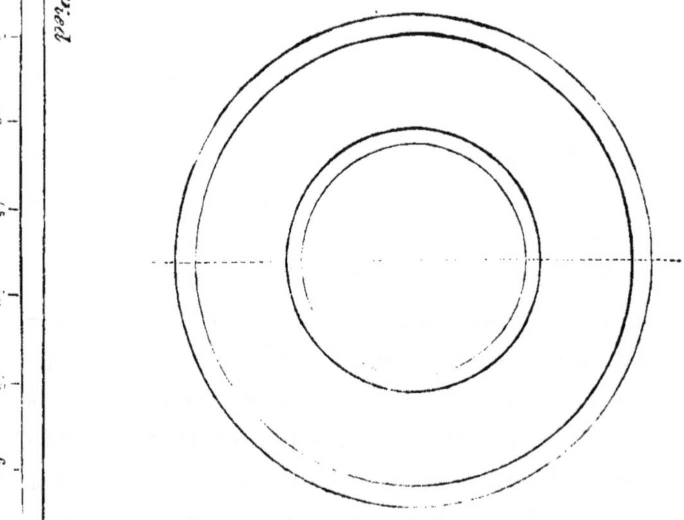

Figure 35.

Le milieu a la forme d'un pot sans fond; on y fait

passer la tige du dahlia, qui se trouve ainsi isolée
et à l'abri des insectes.

Figure 36.

Les *loches*, et particulièrement celles de la petite
espèce, sont plus difficiles à atteindre; souvent leurs
dégâts seuls attestent leur présence. Un temps
froid et humide les encourage, et leurs ravages ne
peuvent pas toujours être réparés par une végétation active. Elles rongent les premières pousses
jusqu'à fleur de terre. Si ces pousses ne périssent
pas, elles restent naines ou ne font que des buissons
bas, dont la floraison très tardive n'est souvent ni
belle ni abondante. Cet accident naturel a dû donner
la première idée du mode adopté pour réduire un
dahlia en pinçant sa tige.

Le *ver blanc* est très redoutable. Les anciens
et les nouveaux tubercules sont impitoyablement
rongés ; malheur à la plante s'il détruit l'épiderme
de la tige dans tout son pourtour : elle est perdue.

Dès qu'on s'aperçoit que les feuilles du jeune
dahlia fléchissent, on peut être sûr que les vers
blancs sont au pied. Il faut le déplacer et fouiller
la terre pour les détruire, après quoi on le remet

en place. Si la plante est déjà forte: on la dé-
chausse jusqu'au collet, on pratique un trou assez
grand pour atteindre l'insecte, tout en ménageant les
racines latérales qui entretiennent la vie de la plante.
Le mieux, pour s'en garantir, serait de sonder à
l'avance le terrain. Vers la mi-octobre on laboure
profondément et à bêchées minces le terrain destiné
à une plantation, afin de mieux découvrir les vers,
qui sont de plusieurs grosseurs ; les plus petits sont
ceux nouvellement pondus. Les fraisiers, les laitues
seraient d'un grand secours en les faisant servir de
bordures aux planches que l'on destine aux semis
et aux plantations de dahlia. Au printemps on peut
également semer quelques petites laitues çà et là
dans les planches mêmes, qu'il faudra, malgré cette
précaution, visiter tous les jours. Aussitôt qu'on
verra fléchir ces plantes destinées à servir d'appât,
on trouvera l'insecte en flagrant délit. Les fraisiers
en bordure lui serviront également de retraite et de
curée. Ce serait là le complément du dernier labour
d'automne.

La *courtilière* coupe les jeunes plantes entre deux
terres. Si la couronne n'est pas attaquée, le dommage se répare naturellement par une nouvelle
pousse du pied. Pour détruire cet insecte, qui change
souvent de résidence, il faut suivre avec attention
la galerie qu'il a tracée; on verse d'abord de l'eau
dans le trou, et ensuite de l'huile, qui pénètre dans
les diverses sinuosités de la galerie, et finit par

atteindre la courtilière, qui vient, peu de temps après, expirer hors de son repaire.

La prévoyance est encore ici une nécessité: Si, avant la plantation, on a lieu de suspecter la présence de ces animaux, soit dans une planche, soit dans une couche, on peut vérifier ce soupçon en mouillant d'abord la terre et en y trépignant ensuite; après quoi on égalise la surface. Ceci se fait le soir. Le matin, on est bien sûr d'apercevoir la traînée des courtilières, s'il en existe dans cette terre. Quand on a acquis la certitude que le sol en est infecté, il faut, pour les détruire, employer tous les moyens convenables. Pour y parvenir, on enfonce, à la profondeur de $0^m,05$ environ, des planchettes autour de la plate-bande infectée, en réservant seulement aux encoignures un petit espace au-dessous duquel on place un pot rempli d'eau, que l'on enfouit dans la terre. On arrose légèrement le long des planchettes pour attirer les insectes. Les courtilières suivent ces remparts humides, et tombent inopinément dans les pots, où elles se noient.

On peut encore enfouir de petites cloches renversées à la profondeur de $0^m,02$ à $0^m,03$ au-dessous du niveau du sol. On les y assure en battant la terre dans leur pourtour en forme de talus. L'insecte s'avance sans méfiance, et, entraîné par la pente, tombe malgré lui dans le précipice. Il faut observer que ces cloches doivent toujours couper les traces des courtilières.

Ces pièges peuvent également se façonner avec des pots à fleurs. Si, comme on le prétend, les courtilières peuvent être détournées de ce piége par l'odeur que laissent quelquefois les mains du jardinier, rien n'empêche d'enfouir ces pots les mains revêtues de vieux gants, et de façonner leur entourage avec une spatule de bois.

Enfin quelques personnes croient pouvoir détruire ces misérables insectes en arrosant simplement la terre avec une eau de savon noir.

Les *perce-oreilles*, si on n'y faisait attention, dévoreraient boutons, fleurs et feuilles. La première précaution à prendre est de placer au sommet des tuteurs de petits cornets de papier ou autres réceptacles dans lesquels ces insectes se retireront infailliblement lorsque le soleil commencera à éclairer leurs manœuvres ; la seconde consiste en une visite matinale, pour les déloger et les détruire de suite.

Des fleurs se trouvent altérées sans qu'on puisse en apercevoir immédiatement la cause. Ne cherchez pas trop loin l'auteur de ce dommage ; il provient très probablement de la chenille d'un papillon de nuit, couleur vert d'eau léger, assez grosse, très dévorante, et bien plus friande des fleurs que des feuilles. Dès qu'elle a satisfait son appétit, elle se retire dans la fleur voisine, où elle recommence sa manœuvre si on ne l'en déloge ; ses déjections décèlent fort souvent sa présence.

Une maladie non moins funeste aux dahlias que
les insectes est *la grise*. La séve altérée laisse s'é-
tablir une quantité de petits insectes du genre *aca-*
rus, qui, réunis, forment une masse grisâtre. Cette
maladie provient d'un malaise occasionné par la
maigreur du sol, par une grande sécheresse ou par
une privation quelconque. Les pluies, ranimant la
vigueur de la végétation, en font justice; néanmoins
il est sage, dès qu'on s'en aperçoit, d'améliorer le sol,
de dépouiller la plante des mauvaises feuilles, d'arroser et de seringuer le feuillage par-dessous. On ne
peut guère détruire *la grise* que sur des plantes en-
fermées dans une serre, sous châssis ou sous cloche, et par le moyen de fumigations de tabac.

CHAPITRE IX.

Epoque de la floraison.

Le dahlia fleurit, donne sa graine et parcourt le
cercle de sa végétation dans la même année. Celui
qui provient d'un semis fait de bonne heure l'ac-
complit tout aussi bien. Après avoir rempli toutes
ces conditions, il continue encore à végéter jusqu'à
ce qu'une gelée vienne le frapper. Il est si vivace
que, sous un climat dont il n'aurait rien à redouter, il
serait, sans aucun doute, toujours couvert de feuilles
et de fleurs, car les bourgeons du collet s'ouvrant

successivement remplaceraient les tiges frappées de nullité parce qu'elles ne donnaient plus passage à la séve.

L'exposition a une grande influence sur l'époque de la floraison ; elle sera belle et abondante pour le dahlia bien exposé en plein air. Ses fleurs, pour s'épanouir sans contrainte, ne réclameront que l'influence d'une atmosphère chaude et d'un soleil tant soit peu voilé ; leur coloris y gagnera considérablement, car les rayons ardents de cet astre pourraient hâter l'épanouissement des fleurs aux dépens de leur durée.

Si, dominé par la crainte d'éprouver ces inconvénients, on rentre ses dahlias en caisse dans une serre, on en éprouvera un autre ; ils ne fourniront plus de boutons susceptibles d'arriver à une certaine perfection.

La floraison présente mille accidents curieux et souvent imprévus dont il est bon de se rendre compte ; elle se présente aussi avec une magnificence d'ensemble et de détails qui nous a fait naître l'idée d'un article particulier que nous intitulerons : *Mérites de la fleur du dahlia.*

Au commencement et à la fin de chaque floraison, quelques variétés de fleurs doubles, toujours les mêmes, se font remarquer par l'émission de fleurs simples ou semi-doubles. Cette dégénérescence momentanée n'a pas lieu sur le plus grand nombre des dahlias à fleurs pleines.

On ne peut assimiler les fleurs simples venues sur une ancienne plante à celles également simples provenant d'un semis de l'année ; ces dernières sont toujours plus belles que celles dont nous venons de parler.

Voici une variante assez remarquable dans la floraison. Selon les années, la même variété est double sur un pied et simple sur un autre pied, à côté, dans les mêmes conditions de sol et de culture. Un auteur a pensé que ces accidents particuliers sont naturels à la plante. Il n'en est pas trop certain cependant, puisqu'il convient qu'une telle anomalie est d'autant plus rare que la culture de la plante est plus soignée et que son exposition est plus largement aérée. Ce fait a une cause néanmoins. Suivant un cultivateur grand praticien et bon observateur[1], ces accidents tiennent, non pas à une seule cause, mais à deux, qui à la vérité, nous dit-il, ne laissent point de signes apparents que les plantes ne sont pas sous les mêmes données, quoique les effets soient plus ou moins sensibles, selon les années. La première est dans le choix des bourgeons ; on doit préférer ceux qui se présentent naturellement à ceux qui, venant postérieurement, ont été plus ou moins forcés. La seconde est la séparation des tubercules entre eux lorsque les tiges sont trop avancées. En effet, des bourgeons mal conditionnés, ou moins bien conditionnés que d'autres, supporteront plus difficile-

(1) M. le comte Lelieur.

ment les contrariétés de l'atmosphère et en souf-
friront davantage lors de leur développement. Ces
plantes ne sont donc pas sous l'influence des mêmes
données, quoique elles en aient l'apparence. Les
principes puisés dans la nature sont toujours sub-
sistants. C'est au cultivateur à observer les différentes circonstances qui les déguisent sans les altérer. Si enfin on ajoute, comme circonstance très
aggravante, que la température s'est maintenue
longtemps basse après la séparation des tubercules
et leur mise en pleine terre, on pourra expliquer
avec assez de probabilité comment, selon les années, quelques variétés fleurissent simples, et comment d'autres semblables restent doubles sur le
même sol.

Quel plus grave accident qu'une température extraordinaire, une température inattendue, des pluies
froides, une terre sans chaleur, de grands vents?
C'en est assez, c'en est trop pour rendre une floraison languissante. Des boutons formés lentement
ne pourront plus produire que des couleurs sans
vivacité et sans pureté. Il en résultera une pertur-
bation totale parmi les fleurs ; quelques-unes même
cesseront de doubler ; des variétés de couleur rouge
tomberont dans le jaune.

On attribue ces altérations de forme et de couleur
à la formation lente et pénible des boutons, occa-
sionnée par le ralentissement ou le manque d'une
sève suffisante. Ce n'est point une raison pour dés-

espérer des dahlias de semence qui fleuriraient tard, et en général de ceux qui auraient éprouvé des contrariétés quelconques et même les ravages de certains insectes : avec des soins on peut leur rendre leur beauté primitive.

On peut encore citer comme une particularité fort curieuse cet autre changement de couleur qui s'opère sur certaines fleurs appartenant à des variétés en pleine vigueur, variétés toujours les mêmes, et cela depuis le commencement jusqu'à la fin de la floraison complète. Rien n'est plus singulier que l'aspect des touffes où ces variétés de couleur ont lieu successivement. On en cite une dont les quelques fleurs, ou des portions de fleurs seulement, passent du cramoisi très foncé au pourpre clair. La cause de ce phénomène est inconnue au possesseur de cette variété. Il pense que, si on parvenait à la découvrir, on aurait le moyen d'opérer à volonté les changements de couleur sur les sujets qui s'en sont montrés susceptibles. On verra à l'article *Coloration* que la nature seule peut opérer ainsi, au moyen de ses procédés chimiques.

Dans les plus beaux jours de la saison, les fleurs du dahlia nouvellement écloses ont une fraîcheur et un éclat qui se conservent à peine pendant une journée dans toute leur plénitude. Elles ne sont pas encore sans beauté durant quelques jours qu'elles restent entières sur la plante ; car, pour favoriser le renouvellement ou pour procurer plus de vigueur à celles que l'on réserve, il faut supprimer les fleurs dès qu'elles commencent à se détériorer. C'est là le cas de profiter de leur abondance pour en parer ses appartements. On les maintient fraîches dans des vases remplis d'eau. Un véritable amateur se plaît à les exposer avec choix, avec goût, dans un cadre horizontal disposé pour les réunir; les vides sont remplis d'une mousse fine et verdoyante qui les fait ressortir toutes individuellement. Cette disposition est d'autant plus commode qu'on peut les renouveler à volonté. Il est possible de donner de cette manière un riche échantillon des nombreuses beautés disséminées çà et là dans un vaste jardin.

Tous les soins que réclame la floraison on général ne sont rien, comparés à ceux qu'exigent les dahlias destinés aux expositions. Ces soins commencent rigoureusement au moment où l'on confie la plante à la pleine terre. Aussitôt que les pousses latérales paraissent, on les coupe pour ne conserver que les jets les plus vigoureux, qui produiront une tête touffue et uniforme, surmontée par de belles fleurs, franches de couleur et de forme. Les boutons qui se présentent mal sont supprimés; toute la force est réservée pour les fleurs sur lesquelles reposent les espérances du cultivateur. Il est sans doute permis de régulariser leur développement, d'ajuster les pétales pour les maintenir dans un ordre parfait, mais il y a une sorte d'improbité à en introduire d'étrangers sans aucun scrupule. Heureusement les membres composant le jury, ainsi que les connaisseurs. savent bien faire justice de ces *rapetassages*. Mais un amateur probe et confiant peut encore en être dupe!...

Ces chères fleurs, il faut encore leur procurer à propos de l'ombre ; les variétés blanches ou de couleur claire l'exigent impérieusement, car les rayons du soleil pourraient altérer la pureté de leurs nuances.

Enfin la lutte s'engage ; heureux celui qui trouve dans le suffrage universel la récompense des mille et mille soins prodigués à sa plante chérie !

Nous allons bientôt examiner, dans l'article *Mérites de la fleur du dahlia*, toutes les conditions exigées pour obtenir cette couronne ; mérites réels. qui font regarder en pitié ces malheureuses victimes de la fantaisie, ces *dahlias nains*, que l'on amaigrissait dans une terre pauvre, mélangée de sable de rivière en abondance, pour obtenir quoi! une confusion de fleurs disparates.

CHAPITRE X.

Coloration des dahlias.

On n'a pas encore obtenu de dahlias de couleur bleue. M. de Candolle est le premier qui ait fait cette remarque. On verra par les observations suivantes que le bleu pur pour le dahlia serait un phénomène en dehors de toute donnée chimique sur la coloration des plantes.

Voici en premier lieu la remarque de M. de Candolle. « La variation des couleurs dans le dahlia étant du pourpre au jaune, on n'obtiendra jamais par la culture des variétés bleues. » C'est en effet une observation générale que le jaune et le bleu semblent être les types fondamentaux des couleurs des fleurs, et s'excluent mutuellement. « Le jaune passe souvent au rouge ou au blanc, mais jamais au bleu ; et, de la même manière, les fleurs bleues se changent par les semis du rouge au blanc, mais jamais au jaune. »

Cette remarque conduit à l'observation de faits bien intéressants, qui exigeraient une étude sérieuse et principalement chimique.

La constance d'un même système de coloration dans une même plante donne lieu de croire que chaque plante a un type de coloration qui, en se modifiant, donne naissance aux variétés, lesquelles

appartiennent toujours à une série provenant directement du type.

Pour bien faire comprendre ceci, il suffira de dire
que la couleur se compose de trois types ou couleurs
primitives : *le rouge, le jaune, le bleu.*

Ces trois types, en se combinant deux par deux,
produisent trois autres types intermédiaires, que
l'on nomme couleurs *binaires* ou composées. Ce
sont l'orangé, formé du rouge et du jaune; le vert,
formé du jaune et du bleu, et le violet, formé du
bleu et du rouge. Les nuances sont le résultat des
diverses proportions des mélanges. Les tons clairs
ou foncés sont des modifications apportées par des
éléments particuliers, le noir ou le blanc. Ainsi, une
couleur claire est plus blanche qu'une couleur franche; une couleur foncée est plus noire que cette
même couleur franche.

Ceci posé, disons un mot de l'influence des agents
chimiques sur la coloration ou la décoloration des
fleurs. L'acide sulfurique rougit la teinture de vio-
lette, qui est bleue, comme on sait; la potasse la
verdit. Or, dans le premier cas, le bleu est modifié
par le rouge; dans le second, il est modifié par du
jaune. Comme ces deux actions sont diamétralement
opposées, il faut en conclure qu'une seule des deux
agit sur une plante donnée, et produit une série de
modifications dont les limites sont bornées par des
modifications produites par l'agent contraire... Pre-
nons des exemples.

Les ancolies, les pieds d'alouettes, les jacinthes
sont communément bleues, c'est-à-dire que le bleu
est la couleur fondamentale de ces trois espèces.
Supposons un agent acide agissant sur leur coloration. L'acide fera passer la couleur du bleu au rouge
par tous les intermédiaires du violet, sans dépasser le
rouge normal, c'est-à-dire à l'exclusion de la couleur
jaune ; car, si cette couleur se produisait, c'est que
l'agent *alcalin* aurait remplacé l'agent *acide*, puisque
leur action ne saurait être simultanée.

Eh bien ! il n'y a ni ancolie, ni jacinthe, ni pied
d'alouette jaunes ou écarlates. Nous croyons donc
que chaque plante a reçu en partage une couleur
type que se disputent alternativement les agents
alcalins et les agents acides.

Nous disons que, dans les plantes dont la coloration appartient aux séries rouge, orangé et jaune, il
ne saurait se rencontrer des variétés bleues, parce
que probablement la cause qui les a faites jaunes peut être modifiée par un agent qui leur don-
nerait du rouge, mais jamais par une cause qui
produirait le bleu, puisque cette cause étant inverse
ne saurait agir simultanément sans qu'il en résul-
tât une décoloration complète. Nous ne saurions
dire si c'est précisément cette simultanéité de
deux causes inverses qui produit les floraisons
blanches, mais nous insistons sur ce fait, savoir :
que les fleurs à types bleus n'ont jamais de variétés écarlates, orangées ou jaunes, parce que ces

couleurs sont en antagonisme complet avec le bleu.

En résumé, l'on peut dire avec assurance que toute l'échelle de coloration d'une plante, quelque riche qu'elle soit en variétés, n'est qu'une suite non interrompue de nuances de deux types se perdant l'un dans l'autre. Nous allons donner une idée aussi nette que possible de notre pensée en établissant une série de nuances : le premier exemple se rapportera aux fleurs à type bleu; le second, aux dahlias, considérés comme l'un des types opposés au précédent :

I. — *Échelle des ancolies, pieds d'alouettes, etc.*

1. BLEU FRANC, rare.	Ce nᵒ 1 est la couleur type; elle est rare pour les deux espèces désignées.
2. VIOLET BLEU. **3.** VIOLET FRANC. **4.** VIOLET ROSE. **5.** ROSE. } Types.	Ce nᵒ 2 est la couleur commune ou type de l'ancolie. Ce nᵒ 3 est le violet des ancolies et des violettes. Ce nᵒ 4 est la modification rose la plus ordinaire. Au nᵒ 5 ce rose est déjà plus rare.
6. ROSE DE CHAIR, rare.	Au nᵒ 6 ce rose de chair est déjà presque un empiétement sur les gammes opposées; aussi ce ton est-il très rare, au moins dans les espèces que nous citons.

Avant de passer aux dahlias, disons que l'espèce blanche est, ou un affaiblissement prolongé des modifications roses, ou une neutralisation de coloration résultant de l'antagonisme des deux principes décolorants, voulant agir simultanément et emportant la coloration dans leurs propres ruines,

II. — *Échelle de coloration des dahlias.*

0. BLEU nul.	
1. PONCEAU OU ROUGE VIOLACÉ foncé, presque VIOLET.	Il entre un peu de bleu dans la composition de couleur de la série 1.
2. POURPRE VIOLET.	Dans la série 2, le bleu a diminué, et successivement jusqu'à la série 6, d'où il a complétement disparu pour laisser le rouge intact.
3. POURPRE.	
4. CRAMOISI.	
5. ROUGE CRAMOISI.	
6. ROUGE NORMAL.	
7. ÉCARLATE.	Dans les séries 7 et 8, le rouge cède insensiblement la place au jaune. Dans la série 9 le jaune règne seul, et dans la série 10 le bleu vient légèrement verdir le jaune. Là se termine la série des variétés de coloration, occupant dans l'échelle chromatique les deux tiers de son étendue. Quant aux espèces blanches, elles peuvent dériver de chacune des séries, car elles ne sont que l'affaiblissement de la coloration, quelle que soit la couleur dont il est parti.
8. CAPUCINE OU AURORE.	
9. JAUNE D'OR.	
10. JAUNE VERDATRE	
VERT nul.	

On voit dans cet arrangement que le bleu, entrant comme mélange dans les extrémités de cette échelle, sert de lien pour fermer la série en joignant les deux extrémités. Ce sera donc une chaîne brisée, à laquelle manqueront les anneaux violet bleu, bleu, vert bleu, vert, vert jaune, et dont on aura soudé les deux bouts. Nous ne prétendons pas expliquer le fait, nous voulons seulement montrer par ces deux exemples que le bleu et les séries écarlates, orangées et jaune vif, ne peuvent se rencontrer. Citons un dernier exemple qui sera la confirmation du premier. La rose parcourt toutes les séries du dahlia, et il n'existe pas de rose bleue.

Parlons des fleurs à types constants : le barbeau, la bourrache n'ont point de variétés jaunes. Les soucis, les œillets d'Inde, les coréopsis n'ont point de variétés bleues. C'en est assez pour nous autoriser à croire que la coloration est soumise à deux actions contraires, dont l'une ne peut se manifester qu'en neutralisant plus ou moins, ou complétement, celle qui lui est opposée. D'après cet aperçu, il est difficile de croire que la culture la plus intelligente puisse contrarier ou contraindre cette chimie de la nature [1].

M. le docteur Haller a reconnu un principe colorant chimique dans le dahlia; il a envoyé à ce sujet une note à la Société d'Agriculture de Paris. Il a trouvé que ce principe est toujours rouge, quelle que soit la couleur des fleurs, et il est analogue au principe colorant de la cochenille. Il est fixe, et d'autant plus abondant que la couleur des fleurs est plus foncée. L'auteur pense que le

[1] M. Chevreul, raisonnant sur ce sujet avec M. Clerget, son élève, est convenu qu'il est fort difficile de se prononcer sur ce fait naturel qui n'a jamais été étudié. La chimie n'offre encore rien d'analogue et de positif pour l'éclaircir.

dahlia, à part tous ses autres avantages, mériterait par cela seul d'être cultivé, et que la couleur qu'on peut en extraire serait susceptible d'être utilement appliquée.

CHAPITRE XI.

Enlèvement et conservation des racines.

Il est prouvé que, sous notre température, la gelée peut endommager les racines du dahlia. Les racines mêmes qui restent en pleine terre dans nos régions du midi ont besoin d'être abritées sous des amas de feuilles sèches ou sous une litière quelconque assez épaisse. Il faut donc prendre quelques soins pour les conserver pendant la mauvaise saison.

Vers le commencement d'octobre, sitôt que l'on peut craindre la gelée, on aura la précaution d'entourer le pied du dahlia avec de la terre prise autour de la touffe; on en formera une petite butte, comme cela se pratique pour les pommes de terre, ou bien on y apportera du sable fin, des feuilles sèches ou des ramilles d'arbres, qui sont peu susceptibles d'entretenir l'humidité. Lorsque les feuilles cèderont à leur épuisement, on coupera les tiges par un beau temps sec. Un peu plus tard on enlèvera les racines, on les laissera exposées au soleil tant qu'il durera, puis on les rentrera le même jour avant la nuit.

L'enlèvement des tubercules exige des soins et quelques précautions. Pour ne point blesser ces racines, on commence par écarter la terre qui recouvre le collet, ce qui permet de voir la direction des gros tubercules. A distance convenable on soulève avec la bêche la masse des racines, jusqu'à ce qu'elle soit hors de terre. Il faut bien se garder de brusquer l'opération; si on attirait à soi la tige, on risquerait de perdre la plante, car cette tige, cédant à un effort, pourrait entraîner avec elle la caroncule du collet qui recèle les yeux ou gemmes, espoir de la prochaine saison.

Si, malgré les soins apportés à cet enlèvement, quelque tubercule se trouvait coupé, il faudrait le supprimer totalement. Cette amputation aurait moins d'inconvénient que de laisser subsister la blessure, qui occasionnerait infailliblement la pourriture du tubercule. Si l'on avait lieu de regretter l'individu endommagé, on pourrait éviter sa ruine en prenant en considération l'avis d'un de nos plus habiles praticiens.

Il serait sage, dit-il, de le replanter de suite dans un pot avec de la bonne terre, et de plonger le pot dans une tannée tiède, avec la cloche; on le force ainsi à repousser immédiatement, et il se maintiendra bien en séve pendant tout l'hiver; alors le dommage sera réparé.

En arrachant les dahlias, le cultivateur conservera avec soin la terre qui se trouvera entre les racines, pour ne point les offenser et pour ne point rompre le collet des tubercules, de ceux surtout qui, étant très allongés, se trouvent soutenus par cette terre ; de cette manière, ils ne courront pas le risque de se rompre ou de se tordre, ce qui empêcherait les yeux correspondants de s'alimenter. Ces variétés à long col sont en général multiflores. Faute de soins, dans les serres mêmes elles se conservent mal, se multiplient ensuite fort peu et finissent par disparaître des collections.

Ces précautions paraîtront peut-être minutieuses, car la plante semble généralement très disposée à s'en passer. Elle craint fort peu une humidité constante, mais elle redoute les humidités lentes et alternatives, qui occasionnent la moisissure et la corruption et la font périr.

Il ne suffit pas de maintenir les tubercules sans humidité, il faut également préserver leur principe vital d'une chaleur intempestive. A cet effet on les entoure de paille ou de foin ; on les enfouit dans une couche de sable de rivière ou de terreau sec. Pour les espèces de choix, un mélange de sable de rivière et de terreau sec paraît plus convenable.Il est essentiel ou du moins très désirable que l'endroit où on les dépose soit planchéié, ou couvert de planches, si l'aire est carrelée. On peut les empiler les unes sur les autres, en renouvelant les lits de temps en temps; puis on recouvrira le tout d'une bonne épaisseur de paille sèche.

On dit qu'il y a en Angleterre des amateurs qui poussent leur sollicitude jusqu'à se servir de boîtes pour conserver les espèces les plus rares; ils les couvrent de sable fin.

Par un excès contraire, beaucoup de personnes, laissant de côté toute prévoyance, les placent dans des fosses ou dans des caves. Elles sont peut-être obligées d'opérer ainsi lorsqu'elles veulent utiliser une grande quantité d'espèces communes; mais les espèces distinguées méritent plus d'attention. Dans les caves, dans les fosses, les étiquettes peuvent se détacher, ou bien on n'en met point, et les variétés courent le risque de se mêler. Alors il est impossible de les planter avec une parfaite connaissance de leur taille, de leur couleur. Autre inconvénient: faute de pouvoir les inspecter, elles se gâtent, et il en résulte une perte réelle.

On conserve les dahlias en terre sur un emplacement bien exposé au soleil. Une fosse de $0^m,35$ à $0^m,40$ de profondeur reçoit les racines, que l'on range les unes contre les autres, leurs tiges ayant été coupées à $0^m,16$ au-dessus de la couronne des tubercules pour ne point nuire aux gemmes. On recouvre ces tubercules avec la terre de la fosse, sans laisser aucun vide; on dispose sur le tout une bonne épaisseur de feuilles sèches, de fougère, ou de fumier long. Les fortes gelées passées, on enlève les couvertures; plus tard encore on enlève la terre jusqu'à fleur de la couronne des tubercules, afin de háter la végétation des tiges, et aussi afin que les pousses soient mises à l'air avant d'être trop allongées.

Il est à observer que les tubercules qui passent l'hiver en terre sont plus hâtifs dans le développement de leurs gemmes que ceux qui sont restés à racine nue dans une serre, dans une orangerie, où ils se sont un peu desséchés. M. Chauvière les couvre de terreau et les conserve sous les gradins de ses serres à pelargonium. Le trop plein des arrosements des pots qui sont sur les gradins ne leur fait point de mal, mais aussi faut-il dire qu'il est toujours de peu d'importance.

CHAPITRE XII.

Mérites de la fleur du dahlia.

C'est au moment de la pleine floraison que se révèlent le talent du cultivateur et le goût de l'amateur. C'est l'instant des plus douces jouissances.

Quelle en est la cause? Elle est dans l'heureuse combinaison et l'élégante distribution de ces plantes, dans l'harmonie et l'effet pittoresque de leurs couleurs, dans les formes régulières, le port gracieux de leurs fleurs. Des tailles bien combinées, la différence de volume des fleurs bien harmonisée ne sont plus qu'une transition agréable. L'œil a besoin de se reposer sur une fleur mignonne, dont la beauté est parfaite, après avoir été ébloui par ces magnifiques couleurs qui resplendissent sur un disque plus élevé et de plus grande dimension. Tout cet ensemble est beau, mais l'amateur se complaît mieux encore dans les individualités et dans les détails.

Chaque amateur a son goût particulier; mais tous sont exigeants, tous veulent la perfection, et cependant le véritable beau est chose bien difficile à formuler. Il existe aujourd'hui parmi les variétés de dahlias tant de supériorités dont on serait fort embarrassé d'indiquer le motif! Il est cependant des règles sur lesquelles peuvent s'établir de bons jugements; mais, à côté de ces règles, il y a des rivalités de pays, des monomanies réelles ou systématiques; puis des décisions sévères ou trop puériles, ou trop minutieuses. La beauté du moment fait trouver des défauts à celle que l'on préconisait l'année précédente. Au milieu de tous ces débats, il faut s'en tenir aux jugements proclamés à l'unanimité par les vrais amateurs et annuellement confirmés par les jurys de nos sociétés horticoles, ce qui, du reste, ne doit pas empêcher chacun d'émettre son avis.

C'est ainsi que l'on dit, par exemple, tout en admirant une variété : Ses fleurs sont trop tardives. Elles se dérobent trop sous le feuillage, dit un autre. Puis un troisième : Quel dommage que sa tige soit si ramifiée, si feuillue ! Selon d'autres, dont le

goût est plus formé, ses fleurs paraissent trop petites relativement à la hauteur des tiges. Cette disproportion semble choquante à des yeux qui ont vu des
dahlias dont les fleurs avaient pour diamètre autant
de centimètres que leurs tiges avaient de mètres de
hauteur. On a reproché avec raison à quelques dahlias de porter sur une tige de $0^m,65$ à $0^m,80$ des
fleurs larges de près de $0^m,14$. De belles fleurs françaises et anglaises, parfaitement conformées et très
bien proportionnées avec leurs tiges, ont été admi-
ses avec enthousiasme, sans pouvoir malgré cela
échapper à la critique; on a donc fait la remarque
qu'elles étaient pendantes au lieu d'être courbées.

Plusieurs dahlias ont été très recherchés; mais
leurs fleurs, disait-on, couvraient de trop près la
plante. D'autres fleurs, remarquables par leur belle
tenue sur leurs pédoncules, ont donné lieu à de mé-
chants quolibets. On a cru enfin posséder le *nec
plus ultra*, le *prototype* des dahlias! Cet individu,
très bien conformé, n'avait que sept à neuf rangs
de pétales; surviennent de nouveaux dahlias qui en
présentent vingt à vingt-cinq rangs très étoffés;
adieu le *criterium*, le merveilleux prototype! C'est
ainsi qu'en 1839 la comparaison a fait déchoir une
infinité de beautés bien reconnues pour telles. Il est
de fait que, depuis cette époque, on a obtenu des
semis de magnifiques variétés, et M. Chauvière,
dans son nouveau catalogue, en a fait disparaître un
grand nombre qui n'ont, pour la plupart, d'autre

tort que d'être plus anciennement connues que celles dont on s'occupe aujourd'hui.

L'anglomanie de quelques cultivateurs français n'a pas peu contribué à ces dépréciations ; mais néanmoins, pour être juste, il faut convenir que leurs multiplications sont le résultat d'une culture progressive et très bien combinée, et il paraît naturel de fêter les dernières venues lorsqu'elles se présentent avec de nouveaux charmes.

D'ailleurs, tout le monde n'est pas impressionné de la même manière, et, malgré les divergences qui se rencontreront dans les différentes appréciations de ces fleurs, il faudra toujours reconnaître leurs qualités essentielles et le caractère d'excellence qui souvent les distingue.

La plante doit être uniforme et bien graduée dans son élargissement, depuis la base jusqu'au sommet. Point de rameaux à angles droits, traînants ou égarés. La tige doit être disposée de manière à se couvrir de nombreuses fleurs, et ces fleurs doivent se présenter hardiment au-dessus du feuillage, supportées par un fort et court pédoncule. La fleur étant la chose capitale, sa forme, sa couleur, sa dimension deviennent le point essentiel, et sur elles reposera le jugement qui décidera de son mérite et de la préférence dont elle doit être l'objet.

Relativement à la forme, une fleur de dahlia doit présenter un disque parfaitement rond, un cercle extérieur parfait. Son épaisseur doit être propor-

tionnée à sa largeur, c'est-à-dire du tiers à la moitié
de cette largeur, ce qui suppose un très grand
nombre de rangs de ligules. Six, sept, neuf rangs
n'ont plus le droit de nous émerveiller. C'est donc
sur les ligules et sur leur conformation en général
que se dirige toute l'attention du connaisseur. Du
centre à la circonférence, ces rangées de ligules doivent se succéder d'une manière égale et régulière ;
elles doivent grandir insensiblement depuis la première jusqu'à celles qui terminent le disque. La distance entre les ligules de chaque rang doit être
graduée ; cette graduation doit être serrée ; on n'y
doit apercevoir aucune interruption, aucune saccade.
Chaque ligule doit approcher de la forme sphérique,
sans aucune disposition à la forme convexe ; elle
doit être tuyautée, entaillée et légèrement concave
ou courbée. Les ligules doivent se placer les unes
sur les autres avec ordre et régularité, couvrant en
partie, à peu près à moitié, le rang inférieur ; en un
mot, elles seront comme imbriquées. L'œil ou disque
de la fleur ne doit nullement se mettre en évidence.

La *couleur* est également à considérer. Le mérite
des fleurs unies consiste dans leur éclat et dans leur
pureté parfaite ; celui des fleurs rayées, bordées,
pointillées, dépend de la netteté des nuances, de
leur séparation tellement tranchée que ni les pluies
ni le soleil ne puissent les fondre et les embrouiller.

Les ligules peuvent également se présenter sous
forme d'écailles, de cornets ou d'oreillettes revêtus

d'une ou de plusieurs couleurs, plus ou moins disposées à pâlir sous l'influence solaire.

La *dimension* a été envisagée sous des données qui n'ont rien de très positif. Une fleur ne paraît jamais trop grosse lorsqu'elle est bien conformée et agréablement colorée ; mais cela ne se rencontre pas toujours. Il est même assez rare de trouver réunis, dans un sujet d'une certaine dimension, cette forme parfaitement sphérique, cette proéminence du centre, ces pétales fins et réguliers, qui rendent si intéressante une fleur de moindre volume.

Après avoir reconnu ce qui peut rendre une fleur de dahlia parfaite et digne de la préférence des véritables amateurs, nous allons indiquer brièvement les caractères propres à faire distinguer les plantes dont il faut abandonner la culture.

Ainsi, on devra rejeter de toute collection un peu soignée les plantes dont les fleurs ne conservent tous leurs avantages que pendant une partie de la saison florale : telles sont celles dont les dimensions s'amoindrissent, ou qui présentent des fleurs avec des disques sans ligules. Ce défaut sera facilement apprécié par le cultivateur un peu exercé, car il produit un vide désagréable à l'œil, surtout s'il se montre avant la mi-octobre, époque à laquelle les plus beaux dahlias sont naturellement fort épuisés pour peu que leur développement ait éprouvé quelques contrariétés.

Il faut rejeter encore les plantes dont la fleur

offre au centre une protubérance, ce qui arrive quand
les ligules sont étouffées par des écailles ; celles
dont la tige ne porte qu'un petit nombre de fleurs
ou des fleurs très tardives ; celles enfin dont les
fleurs sont supportées par un pédoncule trop court
pour se bien détacher du feuillage.

CHAPITRE XIII.

Conclusion.

Le dahlia, avons-nous dit dans notre introduction, est une des plus belles conquêtes de la culture
horticole. Les horticulteurs français ont trouvé dans
cette branche de redoutables rivaux dans les pays
voisins ; il s'agit donc maintenant de faire pencher
la balance de leur côté. Leur zèle, leur savoir les
distinguent éminemment, leur talent ne saurait être
contesté ; mais ce n'est pas assez : lorsqu'il y a rivalité, on n'a atteint le but que lorsqu'on est en possession d'une supériorité réelle. Notre climat présente sur celui de nos voisins des avantages qui
doivent faciliter les efforts de nos producteurs, et ils
le savent très bien ; mais dominés, si j'ose le dire
pour un grand nombre, par un intérêt personnel,
par des habitudes routinières et par une timidité qui
les empêche très souvent, dans nos réunions, d'é-
mettre leurs pensées, ils semblent en définitive

craindre de se familiariser avec cette noble idée qui considère l'agriculture comme la plus importante de toutes les sciences, comme l'art le plus honorable. Nous disons qu'ils semblent craindre; car ils comprennent si bien la noblesse de leur art qu'ils ont formé une Société horticole composée des seuls praticiens marchands.

Selon nous, cela ne suffit pas, même dans leur intérêt. On aperçoit là un petit motif d'amour-propre qui semble les écarter à jamais du contact immédiat de la science. La science peut cependant venir en aide à la pratique, et ils ne peuvent s'en passer s'ils désirent sincèrement l'emporter sur leurs rivaux.

Nous sommes loin de blâmer la simplicité de mœurs et la réserve d'un grand nombre de nos horticulteurs; cependant nous osons croire qu'avec un peu plus d'extérieur, surtout avec moins de crainte de se mettre en évidence, ils iraient beaucoup plus vite et beaucoup plus loin. Quelques-uns empruntent à l'étranger, pour les offrir au commerce ou à l'admiration du public, les noms de leurs productions, qu'ils n'osent pas avouer. C'est là un véritable mal, car on peut contribuer ainsi à déprécier le produit de notre industrie, et on s'expose à trouver le même sujet sous deux noms différents, ce qui diminue la confiance des amateurs.

Ces détails ne sont rien, il faut en convenir, à côté de l'importance réelle et principale de cette culture. Il est évident que les moyens d'y obtenir une grande supériorité ne se rencontrent que dans la pratique des semis, et nos cultivateurs ne sont pas toujours en position d'employer à ces opérations de grands terrains, comme le font nos concurrents. On sait que plusieurs d'entre eux consacrent aux semis plus de vingt arpents de terre. Mais ce luxe d'exploitation pour la spécialité du dahlia pourrait se réduire beaucoup, en n'employant pas indistinctement toutes les graines récoltées. C'est un écueil que savent éviter beaucoup d'amateurs français; leur principe est que, pour employer une étendue moins considérable de terrain et obtenir cependant des graines de choix, susceptibles de donner de beaux produits, il ne faut élever que de bons et beaux porte-graines.

Il est vrai, cependant, que les semis faits sur une très grande échelle donnent toujours quelques sujets extraordinaires et remarquables. Ils dédommagent, par les hauts prix qu'on leur impose et par leur prompte multiplication. des frais considérables qu'ils ont nécessités.

Sans doute notre culture française a fait de grands progrès depuis un demi-siècle; mais ces progrès se sont effectués avec une lenteur désolante, et nos horticulteurs ne jouissent pas des avantages qui devraient en résulter. En général, les plus actifs d'entre eux ont plus tôt fait de se procurer des produits étrangers; il en est même qui s'en font gloire dans nos expositions nationales.

Le public admire le beau partout où il lui apparaît ; il l'accepte sans discussion. Le cultivateur hors d'état de faire des semis recueillerait cependant plus d'honneur et autant de profit en perpétuant les semis français avec son ardeur et son talent habituels.

Nous voyons avec joie des amateurs français et quelques horticulteurs distingués s'efforcer de remédier à des travers si éloignés de l'esprit national et de l'intérêt du pays. Ils se livrent avec ardeur à des semis de dahlia en grand ; ils y apportent une sagacité remarquable, un véritable talent, surtout en ce qui concerne les combinaisons de croisements qui peuvent procurer à notre fleur cette excellence que quelques-uns s'obstinent à ne vouloir reconnaître que hors de leur pays.

Qu'on ne l'oublie pas : si l'on parle sans cesse de nos voisins ; si nous laissons sans répondre exalter les produits étrangers et abaisser les produits français ; si, lorsque nous avons obtenu une fleur remarquable, nous nous empressons de lui donner un nom susceptible d'égarer l'opinion, nous verrons de plus en plus s'éloigner les chances de supériorité ; et cela suffit pour nous les faire perdre en réalité ; car nos travaux n'obtiendraient plus les encouragements auxquels ils ont droit.

Que le cultivateur timide se donne donc quelque mouvement. S'il sent son insuffisance en théorie, qu'il ait au moins le bon sens d'élever son fils dans

8.

sa pratique de culture, qu'il le familiarise avec la science en le mettant en contact avec les amateurs instruits ; s'en éloigner volontairement, c'est montrer une indifférence coupable, et employer toute son énergie au profit d'un autre.

Notre Société royale d'Horticulture, dont les vues pour la prospérité de l'industrie de notre pays sont larges et tout à fait nationales, a fait preuve d'une grande sagacité en couronnant une exposition de *pensées* de semis français, en parallèle avec une semblable collection de culture anglaise. L'encouragement a porté ses fruits. L'auteur de cette culture toute française (M. Ragonot-Godefroy) nous a enrichis, depuis ce temps, d'une *méthode* très ingénieuse et d'un traité sur la culture spéciale des *œillets*. Cette culture leur donne un éclat tel que cette fleur deviendra plus recherchée que jamais.

Que nos horticulteurs fassent donc également tous leurs efforts pour procurer au dahlia l'excellence dont il est susceptible... « Mais, dit-on, les encouragements manquent... » et « à Londres, les amateurs sont riches et nombreux... » Cela est vrai... Mais ne voit-on pas que, dans un pays où l'amour-propre joue un si grand rôle, la fleur n'est exclusivement belle que parce qu'elle coûte cher ?

L'horticulteur anglais a de continuels rapports avec les nombreuses sociétés horticoles disséminées dans les provinces. Il envoie un même dahlia sur douze points différents. Pour satisfaire à un esprit démesuré de primer, ces sociétés accordent une médaille en or de la valeur de 300 francs à une seule fleur.

En France, il n'en est pas ainsi. Le jury, il est vrai, donne à la culture de nobles encouragements ; mais, pour mériter son approbation, ce n'est pas une fleur, c'est une collection irréprochable qu'il faut soumettre à son jugement. Il y aurait, ce nous semble, une amélioration à introduire : ce serait que le jury voulût bien signaler d'une manière spéciale les fleurs qui pourraient enrichir le commerce ou satisfaire l'amour-propre du simple cultivateur.

Il y a beaucoup de calcul dans la manière d'agir de nos voisins : couronner une seule fleur dans trente sociétés, c'est faire un appel aux bourses les plus riches, aux vanités les plus exaltées. On acquiert facilement une fleur ; il n'en est pas de même d'une collection entière.

De son côté, l'horticulteur anglais, très actif, très intelligent et de plus très intéressé, propage autant qu'il peut le goût de cette culture jusque dans les moyennes classes. Les manufactures sont très nombreuses et très populeuses dans ce pays ; les ouvriers possèdent presque tous de petits jardins où ils prennent plaisir à cultiver des fleurs de préférence à des plantes potagères. Les cultivateurs de dahlias, en visitant ou en faisant visiter très fréquemment par leurs agents ces petits jardinets,

accaparent les individus les plus remarquables et
s'en donnent tout le mérite et le profit. Le hasard
vient ainsi fort souvent à leur aide... Le génie
éminemment commercial de la nation se retrouve
partout.

Malgré cette grande activité de nos voisins, ne
sont-ils pas nos tributaires pour les rosiers et pour
beaucoup d'autres plantes d'agrément ? Ils les
payent bien, mais bien rarement ils indiquent la
provenance. Chez eux, c'est l'industrie qui agit ;
chez nous, l'art domine.

Portons donc hardiment nos regards sur nos
produits français ; ne pouvons-nous pas, ne devons-
nous pas témoigner notre reconnaissance à plusieurs
de nos amateurs français qui emploient noblement
leur fortune en semant le dahlia sur une grande
échelle !... Nous pourrions citer ici beaucoup de
noms propres ; nous nous contenterons de nommer
les personnes dont le souvenir est présent à notre
mémoire : ce sont MM. DESPREZ, à Yèbles, canton
de Guignes (Seine-et-Marne) ; GUENOUX, à Voisenon,
près Melun (Seine-et-Marne) ; baron de CRESSAC,
à Metz ; DESFONTAINES, à Noisy-le-Roi, près Versailles (Seine-et-Oise) ; DUBOURG, à Vaucresson,
près Versailles (Seine-et-Oise) ; CHEREAU, à Écouen
(Seine-et-Oise) ; SOUTIF, à Passy (Seine) ; GUENOT,
à Paris (Seine) ; SOUCHET, à Bagnolet (Seine) ;
UTERHART, à Farcy-les-Lys (Seine-et-Marne).

Reportons-nous également par la pensée aux

expositions françaises ; ne nous ont-elles pas offert des dahlias admirables, susceptibles de soutenir la comparaison avec ce que l'Angleterre avait envoyé de plus beau ? Rappelons-nous ces belles collections couronnées par le jury de la Société royale d'Horticulture de Paris ; on y voyait figurer assez de semis français pour encourager nos horticulteurs.

Nous ne nous lasserons jamais de combattre ces idées puériles, anti-nationales, et même, nous pouvons le dire, surannées, qui consistent à accorder plus de mérite à ce qui vient de l'étranger qu'à ce qui sort de nos propres mains. Que nos horticulteurs considèrent seulement l'intérêt de l'horticulture française, qu'ils écoutent davantage la voix de leur amour-propre ; que, se fiant comme ils le doivent à leurs talents et à leur vive et pénétrante intelligence, ils agissent à l'avenir avec plus de hardiesse, et nous pouvons leur prédire un triomphe dont leurs précédents succès nous sont déjà un sûr garant.

FIN.

LISTE DES PLUS BEAUX DAHLIAS

A CULTIVER.

Abréviations.

Fl. g.	Fleur grande.	Pét. inf.	Pétales inférieurs.
B. f.	Bonne forme.	Légèr.	Légèrement.
B. t.	Bonne tenue.	Recouv.	Recouvert.
F. p.	Forme parfaite.	Entièr.	Entièrement.
F. et t. p.	Forme et tenue parfaites.	Pédonc.	Pédoncule.
Fl. t. g.	Fleur très grande.	Mult.	Multiflore.
Pét. sup.	Pétales supérieurs.	Larg.	Largement.

---

m. c.

1.30 Adrienne de Cardoville (Chéreau) ; *blanc lavé d'améthyste, b. f. et b. t.*

1. Adriennne de Cardoville (Makoy) ; *jaune orpin pointé mauve.*

1.30 Ageladas ; *marron brun foncé, b. t. et b. f.*

1.50 Albani ; *rouge cramoisi pourpré, f. et t. p.*

1.30 Albert (Schmidt) ; *cramoisi à pointe blanche, b. f. t. p.*

1.38 Alphonse Karr (Desprez) ; *cramoisi pourpré, noirâtre au centre, f. et t. p.*

1.20 Amable Dubois (Wachy) ; *cerise rubis, f. et t. p.*

1.50 Amalia Augusta ; *blanc.*

1.40 Amalia Winter ; *carné bordé et granité de carmin pourpré.*

1.30 Ambroisia (Truelle) ; *lilas marbré violet et blanc, b. f. et t. p.*

1.30 Amy Vellinger (Vanne).

1. Antagonist (Bragg).

1.50 Antler (Keyne) ; *nankin mêlé de carmin bronzé, f. et t. p.*

fr. c.

1.30 Applause (Whales) ; *écarlate clair, f. et t. p.*

1.33 Arago (Soutif) ; *cocciné feu, f. et t. p.*

1.30 Archduke Palatinus (Deegen) ; *jaune ombré.*

1.30 Archiduc Étienne ; *violet et pourpre pointé blanc, b. f. et b. t.*

1.30 Arethusa (Brown) ; *violet, b. f. et b. t.*

1.33 Athlète (Chéreau) ; *lilas nuancé rose, f. et t. irréprochables.*

1. Attraction (Whales) ; *orange buffle, b. f. et b. t.*

1.30 Auguste Zoeller ; *cerise pointé de jaune.*

1.30 Aurore de Mettray ; *rose aurore passant au rose tendre nuancé.*

1.25 Barthonia (Drummond) ; *cramoisi pourpre foncé, f. p. et b. t.*

1.30 Beauty of Birmingham (Harrison) ; *blanc, bords cramoisis.*

1.30 Beauty of Pinley (Kimberlay) ; *blanc nuancé violet, f. et t. p.*

1.10 Beauty of Stow (Girling) ; *beau lilas, f. et t. p.*

1.30 Beeswing (Drummond) ; *cramoisi rouge nuancé, f. et t. p.*

1.30 Belle Clarisse ; *jaune d'or, b. f. et b. t.*

1. Bertaud ; *rouge sombre mêlé de cramoisi, f. et t. p.*

1.40 Bertha Vongena (Sieckmann) ; *orange, revers des pétales rose, b. f. et b. t.*

1. Berthe de Laffrenaye (abbé Bertin) ; *jaune serin ombré, b. f. et b. t.*

1. Bijou (Poulet) ; *pourpre, extrémité des pétales blanche, f. et t. p.*

1. Bijou de Closhault ; *cramoisi brun pointé blanc, b. f. et b. t.*

1.30 Biondelta (président Parigot) ; *chamois orangé, f. et t. p.*

1.30 Bohemian Girl (Proctor) ; *blanc nuancé pourpre, b. f. et b. t.*

1.15 Bouquet du Breuil ; *rouge orangé à pointes blanches.*

1.10 Camille (Corbel) ; *blanc rosé, f. et t. p.*

1. Captivation (Salter); *chamois pointé de blanc, b. f. et b. t.*

1.25 Caroline Thiébault (Méa); *très joli rose, f. et t. p.*

1.15 Cedo nulli; *orange brique, b. f. et b. t.*

1.15 Cendrillon (Dubras); *carmin à pointes blanches, b. f. et t. p.*

1.40 Charlemagne (Roblin); *jaune vif brillant, b. f. et b. t.*

1.30 Cleopatra (Atwell); *jaune très brillant, f. et t. p.*

1.30 Comte de Rambuteau (Soutif); *marron velouté, b. f. et b. t.*

1.15 Comte Perrot; *giroflée carminé, f. et t. p.*

1.30 Comtesse de Roffignac (Desprez); *orange se nuançant de rouge grenade, et donnant quelquefois des fleurs orange et d'autres rouges sur la même tige, f et t. p.*

1.30 Coquette (Schmidt); *carmin rosé pointé de blanc, f. et t. p.*

1.50 Coquette de Nancy (Patenotte); *carné rosé, b. f. et b. t.*

1.20 Cratevas; *orange vif, revers des pétales rougeâtre, f. et t. p.*

1.20 Dasinski; *lilas, revers des pétales violet foncé.*

1. Dazzle (Keyne); *rouge vermillon, b. f. et t. p.*

1.30 Dekeyzer (Knyffs); *rose pourpré, f. et t. p.*

1.30 Delight (Brown's); *crème veiné et nuancé de violet, f.*

1.40 Docteur Campe (Deegen); *chamois saumoné brillant, f. et t. p.*

1.30 Domino noir (Lucot); *brun noir pointé de blanc, b. f. et b. t.*

1.15 Duchesse d'Aumale (Soutif); *rose cerise saumoné, b. f. et t. p.*

1.30 Duchesse de Richelieu (Laloy); *jaune pâle bordé rose, b. f. et t. p.*

1.25 Duke of York (Keyne); *écarlate, f. et t. p.*

1.30 Élisabeth de Corbeil (Fourquet); *jaune recouvert de rouge pourpré, centre noirâtre.*

1.30 Empreub (Bushell); *cramoisi pourpre, b. f. et b. t.*

1. Empereur Napoléon (Laloy); *beau carmin feu, f. et t. p.*

1. Emperor of the Whites (Heale); *blanc, f. et t. p.*

1.20 Endymion ; *rose rubané lilas, b. f. et t. p.*

1.30 Erectum (Mitchell) ; *pourpre cramoisi, b. f. et b. t.*

1.15 Essex (Turville) ; *rose lilas ; rose violacé pourpré, f. et t. p.*

1.30 Esther (Schmidt) ; *lilas rose, perfection de forme.*

1.30 Eugène Sue ; *pourpre violacé à pointes blanches, f. et t. p.*

1.   Eximia (Girling) ; *rose brillant, f. et t. p.*

1.20 Favorite de Mettray ; *blanc nuancé lilas.*

1.   Félicie Rigolet ; *pourpre granité, b. f. et b. t.*

1.60 Flavia ; *pourpre à pointes blanches, b. f. et b. t.*

1.30 Fleur de Marie (Gaillard) ; *blanc bordé de violet, f. t. p.*

1.35 Freischütz (Oudin) ; *jaune clair bordé violet rose, b. f. et b. t.*

1.30 Général Changarnier (Poulet) ; *rouge, b. f. et b. t.*

1.50 Général de Caux (Bourgault) ; *mauve nuancé cramoisi, b. f. et b. t.*

.15 Général Smith ; *cramoisi riche, f. et t. p.*

1.40 Gloire de Bourgault ; *blanc bordé carmin violacé, b. f. et b. t.*

1 30 Gloire de Sablé (Ravary) ; *chamois saumoné, b. f. et b. t.*

1.40 Grand-Duc de Hesse ; *rouge foncé, tr. gr. fl.*

1.10 Grand maréchal (Bouzin).

1.30 Héloïse Fion (Lemichez) ; *chair nuancé de rose lilacé, b. f. et b. t.*

1.   Henriette Chauvière (D.-M.) ; *carné tendre, centre blanc.*

1.   Héros de la Meurthe (André) ; *cramoisi foncé, b. f. et b. t.*

1.30 Isaïe (C.) ; *cramoisi se nuançant de buffle, b. f. et b. t.*

1.   Isis (Truelle) ; *jaune à pointes blanches.*

1.15 Jaune de Paris (Roblin) ; *jaune superbe, f. et t. p.*

1.20 Joannes Bosse ; *jaune vif, b. f. et b. t.*

1.30 Joannes Rouge (Sieckmann) ; *carmin et orange, b. f. et b. t.*

1.20 Joséphine Besson ; *jaune paille, f. et t. p.*

1.   Justiziar Herfurth (Deegen) ; *violet lilacé à reflet, f. et t. p.*

m. c.

1. L'abbé Poplu (Corbel) ; *rose bronzé se nuançant, f. et t p.*

«.70 La belle Blonde (Salter) : *blanc perle teinté de lilas, f. et t.*

1.50 Lady Charleville (Mitchell) ; *rose vineux violacé, b. f. et b. t.*

1 25 Lady Saint-Maur (Brown) ; *blanc nuancé de violet clair, f. et t p.*

1.30 Laplace (Corbel) ; *jaune superbe, b. f. et b. t.*

1.30 Lemichez (Salter) ; *marron brun, f. et t. p.*

1.30 Lily ; *paille bordé violet, b. f.*

1.20 Lucot d'Hauterive (Salter) ; *cramoisi rubis, centre noirâtre, f. et t. p.*

1. Ludwig Marquard (Sieckmann) ; *rouge à pointes blanches.*

1.23 Mademoiselle Carriat (Carriat) ; *blanc largement bordé d'un beau carmin cerise brillant, b. f. et p.*

1.25 Madame Defays (Defresne) ; *rose carminé transparent, f. et t. p.*

1. Madame Dresser (Deegen) ; *blanc lilacé, bordé rose violet, pointé blanc, f. et p. t.*

1.25 Madame Fougeu (Méa) ; *beau rose tendre légèrement saumoné, f. et t. p.*

1. Madame Jiroux ; *jaune primevère, f. et t. p.*

1.15 Madame Lamy (Laloy) ; *blanc très pur, bordé rose carmin, b. f. et b. t.*

1.35 Madame Lenormand ; *flamme de punch mêlée de rose saumon, f. et t. p.*

1. Madame Reverchon ; *violet rose pointé blanc.*

1. Madame Wachy (W.) ; *cramoisi pointé de blanc, f. et t. p.*

1.30 Madame Winter ; *chair nuancé de rose, b. f. et b. t.*

1. Madame Zehler (Zehler) ; *fond jaune bordé écarlate rouge, b. f. et b. t.*

1.50 Marchioness of Cornwallis (Whale) ; *blanc bordé rose, f. p. et b. t.*

m. c.

1.30 Marengo (Pearce); *cramoisi brun, b. f. et b. t.*

1.30 Marie (Schmidt); *blanc bordé lavande, f. et t. p.*

1.   Mark-Antony (Dodd); *jaune aurore.*

».50 Mathilde de Laffrenaye (abbé Bertin); *violet foncé nuancé lilas, f. et t. p.*

1.30 Mélanie Adam ; *crème jaunâtre lavé de rose lilas, f. et t. p.*

1.30 Merrie Monarch (Mitchell); *rose violet à reflet lilacé, f. et t. p.*

».80 Mimosa ; *jaune et orange vif pointé blanc, b. f. et t. p.*

1.30 Mirabeau (Desprez); *jaune pur brillant, f. et t. p.*

1.30 Miracle (Aldebert); *cramoisi pourpre violacé, b. f. et b. t.*

1.25 Miss Harrington (Mitchell); *rose lilacé, b. f. et b. t.*

1.   Miss Prettyman (Turner); *chair nuancé de rose, b. f. et t. p.*

1.35 Monsieur Fougeu ; *marron foncé, extrémité des pétales blanc rosé, f. et t. p.*

1.35 Monsieur Tougard; *écarlate foncé, extra f. et t. p.*

1.60 Moritz Weltz (Deegen); *écarlate cramoisi, b. f. et b. t.*

1.40 Multicolor admirabilis ; *jaune strié de pourpre, b. f. et b. t.*

1.   Newington Rival ou Standart of perfection.

1.30 Nutwith (Brown); *brillant cramoisi, f. et t. p.*

1.30 Octavion (Pearce); *cramoisi puce, b. f. et b. t.*

1.30 Optimus (Widnall); *rose chair, centre blanc crème, f. et t. p.*

1.30 Pauline Delarue (Desprez); *écarlate clair orangé, f. et t. p.*

1.40 Perpetual Grand (Brown); *brillant cramoisi carminé, b. f. et t. p.*

1.15 Phœnix (président Parigot); *orange vif, b. f. et b. t.*

1.30 Pidgeon (Hon.); *amarante cramoisi.*

1.30 Pride of Surrey (Gaines); *violet pourpre, f. et t. p.*

1.15 Prima Dona (Spary); *cramoisi pourpre pointé de blanc.*

1.30 Prince Albert (Mitchell); *orange glacé de rouge.*

1.40 Prince Alfred (H.); *cramoisi pourpre, b. f. et b. t.*

1.30 Prince de Liége (Makoy); *écarlate à pointes blanches, b. f. et b. t.*

1.30 Prince Wolkowski; *marron foncé, pointé grenat clair, b. f. et b. t.*

1.15 Princesse de Joinville (Fourquet); *jaune d'or bordé d'orange pourpré, f. et t. p.*

1.30 Princesse Radziwill (Gaines); *blanc recouvert de cramoisi, forme des plus perfectionnées.*

1. Princesse Sophia Mathilda (Baskett); *blanc soufré très tendre, b. f. et t.*

1.30 Prometheus (Smith); *violet pourpre, b. f. et b. t.*

1. Pulla (Dubras); *pourpre clair violacé, b. f. et t. p.*

1. Purity (Smith); *jaune clair, b. f. et b. t.*

1.20 Pythagore; *jaune chiné de rouge, b. f. et b. t.*

1. Queen of perpetual (Girling); *fleur de pêcher argenté, nouvelle couleur, f. et t. p.*

1.20 Quinola (Poulet); *pourpre marron a pointes blanches.*

1.30 Raphaël (Brown); *marron nuancé cramoisi, f. et t. p.*

1.30 Reine d'Angleterre (Bavais); *rose saumoné lilacé, b. f. et b. t.*

1.30 Reine d'Angleterre (Gloriot); *rose vif, b. f. et b. t.*

1.30 Reine Isabelle (Soutif); *crème à reflet rosé tuyauté, f. et t. p.*

1.30 Rendatler (Gazelle); *écarlate foncé, f. et t. p.*

1.15 Roblin (Salter); *rose amarante clair, b. f. et b. t.*

1. Rose-Pompon (Makoy); *rose mêlé de cramoisi, quelquefois bordé, pointé ou nuancé carné.*

1.30 Sammesson (Salter); *rubis clair.*

1.30 Sir H. Pottinger; *puce velouté, f. p. t. inclinée.*

1.30 Sophie Boffinit (Larclause); *jaune capucine nuancé orange, passant au jaune d'or; coloris nouveau et très brillant, b. f. et t. p.*

1.30 Spitfire ; *rouge feu, b. f. et b. t.*

1.30 Stanislas (Lepetit); *superbe lilas rose nuancé, f. et t. p.*

1.   Theressa Traifran von Villa ; *paille soufré, b. f. et b. t.*

1.30 Triomphe de Corbel (Salter); *noisette bronzé, b. f. et b. t.*

1.50 Triomphe de Nogent (Méa) ; *cramoisi foncé, centre pourpre, f. et t. p.*

1.15 Triomphe (Laloy); *vermillon, f. et t. p.*

1.   Triomphe de Sommernieux; *jaune ombré rouille, passant au jaune vif, b. f. et b. t.*

1.30 Triomphe von Koestritz ; *cramoisi lilacé, b. f. et b. t.*

1.50 Up. Park Rival (Spary); *écarlate vermillon nuancé, b. f. et t. p.*

1.20 Village Maid (H.); *rouge chocolat à pointes blanches.*

1.30 Ville de Beaune (Poulet); *orange rougeâtre à pointes blanches.*

1.50 Zoé (Truelle); *blanc rosé, b. f. et b. t.*

CHOIX DE DAHLIAS

CULTIVÉS CHEZ M. CHAUVIÈRE.

Adèle Blacque (mademoiselle); *chair lilacé, légèrement nuancé violet, b. f. et b. t.*

Albert Pascal (Mézard); *rose amarante violacé, f. et t. p.*

Amœna (H. D.); *violet pourpre largement pointé blanc; perfection.*

Andromeda (Collis-on); *ambre pointé puce, f. et t. p.*

Antonoüs (Poulet); *cramoisi écarlate.*

Bijou des amateurs (Salter); *lilas mauve bronzé, revers des pétales marron, couleur nouvelle, f. et t. p.*

Bouton d'or (Carriat); *jaune d'or brillant, f. et t. p.*

Charles Rouillard (Rollin); *cerise carmin transparent, f. et t. p.*

Charles-Martel ; *cramoisi marron à reflet noirâtre velouté, b. f. et b. t.*

Comte d'Anjou (Méa); *cerise saumon, f. et t. p.*

Comtesse de Chamoy (Mézard); *lilas pourpre, revers des pétales argenté, b. f. et b. t.*

Conspicua (Girling); *soufre pâle bordé rose, f. et t. p.*

Conquête de Nogent (Méa); *blanc bordé de violet clair, b. f. et b. t.*

Darblay (Fourquet); *cramoisi vermillon, b. f. et b. t.*

Docteur Andry (Roblin); *saumon orangé, f. et t. p.*

Duc d'Isly (Fourquet); *paille légèrement lilacé sur le bord des pétales, b. f. et b. t.*

Duchesse de Nemours (Mézard); *chair rose, centre blanc, f. et t. p.*

Élise de Tours ; *rose lilacé, f. p. et b. t.*

Eudore ; *violet pourpre se nuançant.*

Eugène Guénoux (Salter); *lilas fleur de pêcher, f. et t. p.*

Fastuosa (H. D.); *cramoisi pourpre, f. et t. p.*

Gravina (Lenormand); *jaune brillant, bordé légèrement nuancé pourpre, b. f. et b. t.*

Grégoire (Lenormand); *jaune recouvert de rose rouge.*

Gustave Vitry ; *rouge amarante, f. et t. p.*

Héros Normand (Oudin aîné); *cramoisi rouge, fl. tr. gr., f. et t. p.*

Joséphine Zoé (Lesage); *chair rosé, centre blanc, b. f. et t. p.*

Laure Walner (Salter); *rose satiné, revers blanc, f. et t. p.*

Léon Ferray (Fourquet); *marron foncé velouté, b. f. et b. t.*

Mademoiselle Mosselman (Lenormand); *blanc nuancé de lilas, f. et t. p.*

Madame Corbay (Rouillard); *cerise légèrement pointé de blanc, perfection, b. t.*

Madame de Puységur (Lenormand); *paille nuancé de violet pourpre sur le revers des pétales.*

Madame de Saint-Yon; *joli rose, pointe blanche, b. f. et b. t.*

Madame Hilaire (Roblin); *saumon rosé; perfection de forme et t. p.*

Madame Tellier (H. D); *blanc bordé de violet; perfection.*

Madame Vitry; *carné rose, centre blanc, f. et t.*

Marquis de Gourgue (Méa); *écarlate orange vif, f. et t. p.*

Marquise de Péreuse (Méa); *blanc chair nuancé de rose, f. et t. p.*

Métropolitan Queen (Julian); *blanc pur nuancé de violet, f. et t. p.*

Monsieur Dormier (Dufoy); *violet rose transparent.*

Montcalm (Bellet); *jaune jonquille pointé de blanc, b. f. et b. t.*

Picturata (H. D.); *crème bordé carmin très vif; perfection.*

Pompon d'Essone (Lesage); *cramoisi rouge foncé.*

Reine du bal; *blanc mat, largement bordé de lavande, b. f. et b. t.*

Reine des Amazones; *sang de bœuf marbré de jaune, revers nankin, f. et t. p.*

Roi des pointés; *cramoisi et rose pointé blanc, b. f. et b. t.*

Rosetta (Girling); *très beau rose, f. et t. p.*

Sully (Lenormand); *superbe pourpre pointé de blanc, f. et t. p.*

Thierry; *rouge pointé de blanc, f. et t. p.*

Victorina (Buschell); *rose fleur de pécher, f. et t. p.*

DAHLIAS NOUVEAUX

CULTIVÉS CHEZ M. SALTER.

Aeone (Union); *blanc carné, g. p. t.*

Alladin (Cressac); *rose nankin pointé blanc, g. p. t.*

Amanda (Deegen); *jaune soufre pointé blanc, g. p. t.*

Aurora (de Kniff); *orange aurore, g. p. t.*

Baron Rothschild(Werker); *écarlate orange magnifique, m. p. t.*

Beauty (Taylor); *blanc pointé violet pourpre, g. p. t.*

Beauty of Bercks (Wahle); *carmin mêlé blanc, genre de Beauty of Sussex.*

Beurre frais; *crème safrané, g. p. t.*

Bischoff von Strobel (Deegen); *carmin foncé, rayé ou nuancé amarante.*

Brillant (Girling); *jaune brillant.*

Burgermister clemens (Sieckman); *orange vif.*

Candida (Zehler); *blanc pur.*

Captivator (Brown); *chocolat nuancé puce.*

Cassandra (Fellows); *cramoisi prune superbe.*

Caméléon (Salter); *crème jaunâtre bordé cerise et pourpre, parfois cerise foncé mêlé pourpre gris : nouvelle couleur.*

Chloe (Cressac); *rose laque pointé blanc.*

Châtelaine de Crève-Cœur (Hacquin); *saumon noisette, revers rose.*

Conseiller Massart (Dufresne); *cuir de Russie pointé de blanc, revers violacé; très distingué.*

Coquette de Kain (Batteur); *blanc bordé rose lavande.*

Diogène (Dufoy); *violet pourpre foncé.*

Duchesse de Montpensier (Thibaut); *écarlate orange vif.*

Duc Decazes (Batteur); *vermillon foncé.*

Émilie Lehmann (Deegen); *jaune pointé blanc.*

Essex Blush (Thurville); *carné, g. p. t.*

Europa (Union); *lilas tendre, superbe.*

Fairy Ring (Salter); *marron brun, parfois marginé rose; magnifique.*

Fair Rosamond (Bragg); *blanc teinté rose.*

Florus Fullhorn (Deegen); *superbe rose.*

Fortunato (Seickman); *carmin brun pointé blanc.*

Fra Diavolo (Girondini); *marron vif velouté, pointé blanc.*

Freund Pollmann (Schmidt); *écarlate carmin.*

Frey Alliago (Bruneau); *rose buffle, revers amarante.*

Gloire des Dahlias (Zehler); *brun noir pointé feu.*

Golden Fleece (Union); *orange buffle glacé aurore; superbe.*

Goldfinder (Bushell); *jaune d'or brillant.*

Grand Colbert (Edwards); *écarlate cramoisi vif, velouté.*

Hansworth (Deelen); *rubis rougeâtre rayé soufre et rose.*

Haydée (Bruneau); *beau jaune pur.*

Honorable Sydney Herbert (Brown); *saumon aurore; superbe forme.*

Io Triumphant (Union); *rose nuancé; très belle.*

Jacqueline (Union); *jaune serin gris pointé blanc.*

Joseph Balsamo (Bruneau); *acajou nuancé amarante, pointé d'or.*

Kupfer Konig (Girondini); *cuivre rouge glacé améthyste et gris.*

Lady Hervey (Girling); *blanc pur marginé rose vif.*

Lady of the Lake (Keynes); *blanc pointé pourpre ; superbe.*

L'Ami Sauvenay (Hacquin); *prune clair glacé, revers noirâtre.*

La Catarina (Sauveur); *carné, ligné finement de mille raies carmin clair lilacé ; fleur de grand effet.*

Le Commandeur (Baudouin); *écarlate corail bien supérieure de Blomsbury.*

Louis-Philippe (Turner); *prune foncé ; superbe.*

Louise (Batteur); *blanc bordé carmin ; très belle.*

Ma Coquette (Zehler); *rose carné, revers rouge brillant; superbe.*

Madame Andry (Roblin) ; *blanc bordé et dentelé cerise.*

Madame Roblin (Roblin); *blanc bordé largement de violet.*

Madame Hilaire (Roblin) ; *rose lavé nankin.*

Monsieur Lefèvre (Salter) ; *brun marron noir extra.*

Major Gauby (Gebser) ; *orange clair.*

Marie Bredow (Hoffmann); *rose lilas ; superbe.*

Matchless (Whales) ; *blanc rosé; superbe.*

Mademoiselle Dombey (Dufoy) ; *blanc crème liséré et dentelé cerise.*

Minerve (Van-Geert) ; *blanc rosé nuancé pêche; forme exquise.*

Miss Vyse (Turner) ; *blanc pointé pourpre ; superbe.*

Ober Justizrath von Werlhoff ; *brun noir pointé blanc.*

Oriflamme (Batteur) ; *jaune abricot clair.*

Parasine (Zehler) : *écarlate superbe.*

Peculiar (Santin) ; *orangé bordé largement rouge cerise foncé.*

Pfarrer Kranz (Sieckmann) ; *pourpre foncé, nuancé violet bleuâtre.*

Rasselas (Santin) ; *carmin clair.*

Roi des Coquelicots (Makoy) ; *rouge écarlate.*

Salvator Rosa (Salter) ; *rose lilas; superbe forme.*

Saphir (Schiller) ; *lilas ocre rayé et nuancé carmin.*

Saturne (Paris) ; *jaune nuancé acajou et cerise.*

Scarlet Gem (Turner) ; *rouge écarlate clair, magnifique forme.*

Schone von Elsterthal (Sieckmann) ; *rose pêche, revers carmin.*

Schone von Zerbst (Hoffmann) ; *rouge clair pointé blanc.*

Serviteur de madame Zehler (Zehler) ; *jaune nankin bordé largement rouge.*

Stern von Elsterthal (Sieckmann) ; *rose et chamois pointé jaune serin.*

Stern von Zerbst (Hoffmann) ; *jaune citron pointé blanc.*

Star (Bragg) ; *blanc crème bordé cerise; superbe.*

Thane of Fife (Santin) ; *rose clair, forte fleur.*

Thomirin (Zehler) ; *jaune pointé blanc.*

Triomphant (Héry) : *jaune vif pur; magnifique.*

Triomphe de Casino (Batteur) ; *rouge orange.*

Triomphe de Gervais (Lefèvre) ; *carmin chataîné vif; superbe.*

Triumphe von Anhalt (Hoffmann) ; *rouge écarlate feu pointé blanc.*

Triumphe von Magdeburg (Ehrig) ; *carmin vif pointé blanc.*

Ulrickc Grafin Klebelsberg (Deegen) ; *blanc magnifique.*

Vésuve (Van-Houtte) ; *cramoisi feu.*

Violet (Keynes) ; *violet pur foncé.*

Virginalis (Dufoy) ; *blanc pur.*

Vollmond (Sieckmann) ; *jaune soufre.*

Zebra (Yeeles) ; *cramoisi rubis, rayé et marbré jaune orange bien tranchant.*

FIN DES LISTES DE DAHLIAS.

TABLE.

FIN DE LA TABLE.

www.ingramcontent.com/pod-product-compliance
Ingram Content Group UK Ltd.
Pitfield, Milton Keynes, MK11 3LW, UK
UKHW020306180726
13839UKWH00001B/385